混凝土结构平法施工图实例图集

李建武　主　编

颜立新　副主编

中国建筑工业出版社

图书在版编目（CIP）数据

混凝土结构平法施工图实例图集/李建武主编. —北京：中国建筑工业出版社，2016.3（2025.1重印）
ISBN 978-7-112-19033-1

Ⅰ．①混… Ⅱ．①李… Ⅲ．①混凝土结构-工程施工-图集 Ⅳ．①TU37-64

中国版本图书馆 CIP 数据核字（2016）第 011932 号

本书给出了一套以平法表示的小型框架结构的综合楼施工图，是根据多年的教学需求编写而成。本套图纸包括建筑施工图和结构施工图，建筑施工图包括：图纸目录，建筑设计总说明，一～三层平面图，大样图，大屋面平面图，楼梯间屋面平面图，南、北立面图以及剖面图；结构施工图包括：图纸目录，结构设计总说明，基础平面布置图，柱平面布置图，梁、板配筋平面图，楼梯间平面图等。本书满足量小易学的要求，可供工程造价专业、建筑工程专业师生使用，也可作为各类土木建筑预算、施工员培训教材。

责任编辑：范业庶　王砾瑶
责任校对：陈晶晶　党　蕾

混凝土结构平法施工图实例图集

李建武　主　编
颜立新　副主编

*

中国建筑工业出版社出版、发行（北京西郊百万庄）
各地新华书店、建筑书店经销
霸州市顺浩图文科技发展有限公司制版
廊坊市海涛印刷有限公司印刷

*

开本：787×1092毫米　横 1/8　印张：4½　字数：119 千字
2016 年 3 月第一版　　2025 年 1 月第十次印刷
定价：**19.00** 元
ISBN 978-7-112-19033-1
（28293）

前　言

本图册是一套小型框架结构的综合楼施工图，是根据多年的实际教学需求编制完成。本图册首先满足了量小、易学的要求；二是内容涵盖广（如图纸中有层超高、商业、办公、住宅、节能、构造柱、圈梁、凸窗、雨篷、阳台、出屋面楼梯间、女儿墙等内容，本图册中设计的筏形基础、桩基础同样适用于高层建筑中）；三是实现了学校教学与工程实际无缝对接的要求。

本图册由湖南建筑高级技工学校（湖南城建职业技术学院南湖校区）管理工程专业科资深教师李建武主编，该校颜立新老师为副主编，肖勇、付沛、宋坤参与编写，李建武校审，同时还得到该校管理工程专业科预算、钢筋教研组王冬云、刘雪芬、黄四清、杨燕、杨元、陈冲等老师的不吝指教，在此表示衷心的感谢。

本图册适用于工程造价专业的识图与预算教学、建筑工程专业的识图与钢筋翻样教学，同时还可作为各类土木建筑预算、施工员培训教材。

2015 年 12 月

目　录

工程负责人		制表	图纸名称		图纸编号		图幅	附注
				序号	新图	复用图		
		描表		1	建-00		0.125	
			建筑图纸目录	2	建-01		0.25	
			建筑设计总说明	3	建-02		0.25	
			建筑设计总说明（续）	4	建-03		0.25	
			一层平面图，TC1大样图	5	建-04		0.25	
检表			二层平面图，TC2大样图	6	建-05		0.25	
			三层平面图	7	建-06		0.25	
			大屋面平面图、楼梯间屋面平面图	8	建-07		0.25	
			南立面图	9	建-08		0.25	
			北立面图	10	建-09		0.25	
			1-1剖面图					

小型综合楼 _____ 工程

建 筑 图 纸 目 录

总自然张数			新图	复用	合计	建-00
图纸总图幅						1

设计阶段 施工图

建筑专业 ××年××月

建筑设计总说明

一、总则

1. 本工程位于××市××区南湖路以南、芙蓉路以西。
总建筑面积：622.08m²
占地面积：207.36m²

2. 本设计±0.000标高相当于绝对标高66.98m，标高单位m，尺寸单位m。

3. 本设计±0.000标高从门面楼面算起，地面以上为门面十一层办公十一层住宅，耐火等级为二级，建筑总高度10.50m。

4. 本工程设计按6度抗震设防。建筑耐久年限为二级——50年。

5. 结构形式为框架结构。

6. 施工时应配合有关专业图纸，有矛盾时请及时与设计联系。

7. 本工程标高单位m，尺寸单位mm。

二、选用国家及地方方法规及标准规范

1. 《长沙市城市规划管理技术规定（试行）》（长政发［2000］46号）；

2. 《城市居住规划设计规范》GB 50180—1993（2002年版）；

3. 《建筑设计防火规范》GB 50016—2014；

4. 《住宅设计规范》GB 50096—2011；

5. 《住宅建筑规范》GB 50368—2005；

6. 《夏热冬冷地区居住建筑节能设计标准》JGJ 134—2010；

7. 《民用建筑设计通则》GB 50352—2005；

8. 其余相关专业：给水排水，电气，采暖通风与空气调节及结构设计规范。

三、施工说明

（一）墙体工程

1. 外墙采用240厚烧结多孔砖。

2. 内墙除卫生间隔墙为120厚烧结多孔砖外，其余均为240厚加气混凝土砌块。

3. 砖、砂浆强度等级详结构说明，并按构造要求与框架柱拉结。

4. 所有墙体在室内地面以下60mm处做20厚1：2水泥砂浆防潮层。

5. 砌体内设置暗管、暗线、暗盒等，应采用开槽砌块或预制砌块，不得在砌体完成后打凿钻槽。待管线安装完毕后用非燃烧体材料将缝隙紧密填实，外墙上的预埋件应采用不锈钢或镀锌铁件。

6. 所有穿墙管道预留洞在管道安装完毕后均采用墙体同种材料封闭周围缝隙。

7. 抹灰防裂措施：内外墙与框架柱（构造柱）、梁交接处内外均做细钢丝网挂抹1：2；

水泥砂浆封缝：钢丝网两种墙体各搭300，共600宽。分别用射钉锚固。

（二）楼地面工程

1. 底层地面做法详98ZJ001 地55/12。

2. 门厅、楼梯间及地砖楼面（面砖颜色，规格建设方定），做法详05ZJ001 楼10/25。

3. 其余所有房间均为水泥砂浆楼面抹平压光20厚，做法详05ZJ001 楼1/23。

4. 厨房、卫生间防水：
① 15厚1：2水泥砂浆找平层；
② 40厚C20细石混凝土；
③ 1：6水泥炉渣垫层；
④ 20厚1：2.5水泥砂浆保护层；
⑤ 1.5厚聚氨酯防水涂膜；
⑥ 20厚1：2.5水泥砂浆找平层；
⑦ 现浇结构层。

5. 卫生间采用下沉式（设海底地漏），防水做法同上。楼面结构四周支承处（除门洞外），应设反梁，高度H十150。

6. 厨房、卫生间、生活阳台楼面标高比同层室内楼地面标高均低0.05，公用卫生间前室楼面标高比同层室内楼地面标高低0.03，均设有地漏，并以1%坡度排向地漏，地漏位置详图。

7. 厨房、卫生间排烟、排气道在楼面处应设混凝土反边50×50（H），竖管在楼面处应设防水套管。

（三）屋面工程

1. 本工程的屋面防水等级为二级，防水层合理使用年限为15年，须由专业施工队施工。

2. 凡防水材料均应采用非焦油型，凡卷材不宜采用热熔法施工，宜采用冷粘贴工艺施工。

3. 所有防水材料为四周均卷至屋面泛水高度300mm，屋面竖井、女儿墙阴阳转角处应附加一层防水层；穿屋面板管道或泛水以上外墙穿管，待安装完毕后应用细石混凝土封严，管根周围应嵌填防水胶，与防水层闭合。

4. 雨水管未经注明者均采用白色硬质φ110UPVC管材。

5. 伸出屋面的通气、排气管、排烟道等管道防水参05ZJ201 二/15。

屋面：
① 40厚C20细石混凝土，内配双向φ6@150钢筋网；
② 20厚1：3水泥砂浆找平层；
③ 40厚挤塑聚苯板；

④ 3厚SBS防水卷材；
⑤ 20厚1：3水泥砂浆找平层；
⑥ 20厚憎水性珍珠岩板；
⑦ 钢筋混凝土屋面板，表面清扫干净刷素水泥浆。

6. 女儿墙出水口参05ZJ201 4/21；屋顶阳台雨篷防水做法参05ZJ201 4/11；雨篷防水做法参05ZJ201 4/11。

（四）装饰工程

1. 外墙装修

a. 外墙主墙面采用浅灰、浅褐色外墙砖，做法详02J121-1第B15页；

b. 所有线脚，含阳台、女儿墙、构架及腰线均采用白色外墙漆，参05ZJ00 外24/70。

c. 白色墙漆线子，基层1：2水泥砂浆粉光，白水泥胶泥刮底，刷白色外墙漆三遍。

d. 为加强外墙防水，砂浆中加入适量纤维素醚化保水剂；

e. 外窗采用白色铝合金窗框配普通中空玻璃。

f. 外装修选用的各项材料其材质、规格、颜色等，均由施工单位提供样板，经建设和设计单位确认后进行封样，并据此验收。

2. 内墙装修

a. 门厅、楼梯间等公共部位墙面为混合砂浆，墙面做法参05ZJ001 内墙5/46，在粉底后刷888仿瓷涂料三遍。

b. 卫生间、厨房内墙面为水泥砂浆墙面（1800以上），做法详05ZJ001 内墙6/46。

c. 卫生间、厨房内墙面为水泥砂浆墙面（1800以下），做法详05ZJ001 内墙8/46。

d. 踢脚详05ZJ001 2/35，厚同墙面；

e. 其余房间粉底灰后均刷888仿瓷涂料一遍，做法参05ZJ001 内墙1/46。

3. 天棚及吊顶

a. 卫生间、厨房内墙面为水泥砂浆顶棚，做法详05ZJ001 4/75；

b. 除厨卫外均采用石灰砂浆，做法详05ZJ001 1/75。

4. 阳台、窗台护栏

阳台均不封闭，除实体栏板外部分设铁艺防护栏杆，高1150mm。不锈钢栏杆应选用竖向杆件为主的形式，竖向杆件间距小于110，否则应内设网眼50×50防攀爬钢丝钢。

窗台护栏式样由建设方定，应选用防攀爬的栏杆形式，竖向杆件间距小于110，防护高度为900（自可踏面计算），栏杆做法参05ZJ401 十一/11。

××××建筑	建设单位：		审定		项目号	
勘察设计有限公司	项目名称：		审核		专业	建筑
			校对		阶段	施工图
资质 级	建筑设计总说明		设计		图号	建-01
证书编号：××××-sj			项目负责人		日期	

2

（五）门窗工程

1. 本工程的门窗按不同用途，材料及立面要求分别编号，详见门窗明细表。

2. 外门窗的框料尺寸及玻璃厚度由专业厂家计算确定，且应符合国家有关规范设计确定。

3. 玻璃厚度符合《建筑玻璃应用技术规程》JGJ 113—2009的规定，外窗及阳台门的气密性等级不应低于《建筑外门窗气密、水密、抗风压性能分级及检测方法》GB/T 7106—2008规定。

4. 凡落地窗、低窗距地900以下的玻璃及面积大于1.5m²的玻璃均采用钢化玻璃。铝合金门均采用钢化玻璃。

5. 楼梯间及所有房间外墙门窗为双层中空玻璃铝合金门窗，外窗采用白色喷塑铝合金窗框，凡推拉窗均应加设防窗扇脱落的限位装置。

6. 除特别注明者外，所有门窗均立于墙中心线上。

7. 窗台做法为25厚1:2.5水泥砂浆抹面赶光，上刷无光调合漆二遍。

8. 门窗详见窗表。门窗表中列出门窗的洞口尺寸，门窗生产厂家应在制作门窗前与实际施工后洞口尺寸核对，以免产生误差。本工程各门窗过梁详结施说明。

9. 入户门采用乙级防火门，并具有保温、防盗功能。

10. 外墙门窗防水：

a. 预留门窗洞与门窗框四周的间隙每边不宜大于10mm，大于10mm时适宜用聚合物水泥砂浆修整洞口；

b. 门窗外侧金属框与防水砂浆层及饰面层接缝处，应留（7～10）mm×5mm（宽×深）的凹槽，并应嵌填高弹性密封材料；

c. 金属门窗或塑料门窗的拼缝处、螺丝固定处以及铝合金的接口处，均应嵌填高弹性密封材料；

d. 窗台最高点应比内窗台低不小于10mm，且应向外排水。金属或塑料窗框，内缘高度不应小于30mm，窗框不应与外墙饰面层齐平应凹进不少于50mm，底部宜与液态灌浆材料灌满。

11. 外墙空调百叶：可拆卸式铝合金百叶由专业厂家制作安装。

（六）节能设计

1. 本工程节能部分选用国家建筑标准设计图集02J121-1。

2. 本工程采用B型-胶粉聚苯颗粒保温浆料外墙外保温系数。本系统采用胶粉聚苯颗粒保温浆料做保温隔热材料，抹在基层墙体表面，保温浆料的防护层为嵌埋有耐碱玻纤网格布增强的聚合物抗裂砂浆，面砖饰面时，则在保温层表面铺设一层与基层墙体拉牢的四角钢丝网，再抹聚合物抗裂砂浆作为保护层，面砖用胶粘剂粘贴在防护层上。

3. 建筑各部位做法如下：

a. 外墙类型1：耐碱玻纤网布抗裂砂浆（5mm）＋聚苯颗粒保温砂浆（30mm）＋烧结多孔砖（240mm）＋混合砂浆（20mm）；

b. 斜层面类型：40厚细石混凝土＋水泥砂浆（20mm）＋挤塑聚苯板（40mm）＋防水卷材（3mm）水泥砂浆（20mm）＋憎水性珍珠岩板（20mm）＋钢筋混凝土（120mm）＋水泥砂浆（20mm）；

c. 分户墙类型1：混合砂浆（20mm）＋烧结多孔砖（240mm）＋混合砂浆（20mm）；

d. 普通层间楼板类型1：水泥砂浆（20mm）＋钢筋混凝土（120mm）＋水泥砂浆（20mm）；

e. 外窗类型1：铝合金普通中空玻璃窗（5＋6A＋5）自身遮阳系数0.78，传热系数4.2W/(m²·K)；

f. 户门类型1：双层金属门板中间填充15～18厚玻璃棉板，传热系数2.47W/(m²·K)。

4. 面砖饰面应满足以下条件：

a. 粘贴面砖的保温系数必须具备完整的各种配套材料，其性能应满足规定的技术性能指标，并按施工技术规程施工；

b. 该保温系统产品应经过法定检测机构对该系统产品的粘结强度、耐冻融等项目进行检测并认定合格，其面层荷载≤60kg/m²；

c. 高层建筑粘贴面砖时，面砖重量≤20kg/m²，且面积≤10000m²/块，并作好防锈处理；

d. 玻纤网格布要求耐碱断裂强力（经、纬向）大于等于1000N/50mm，其铺贴应平整、无褶皱、砂浆饱满度100%，严禁干搭接；

e. 面砖胶粘剂及勾缝材料除满足产品标准外，应具有一定的柔韧性，其压折比不得大于3；

f. 对大面积的面砖铺贴，宜按照实际工程铺贴情况划分区域留收缩缝。建筑高度大于24m，沿楼高间距12m（4层）应设不燃保温板材的防火隔离带，宽度不小于900mm；

g. 除满足上述要求外，尚应符合国家节能设计标准和行业标准相关规定。

5. 面砖采用胶粘剂满粘于抗裂砂浆罩面层上，胶粘剂和勾缝材料的技术性能指标详见图集总说明6.2.12和6.2.13，粘贴面砖前须做水泥砂浆与钢丝网片的握裹力试验和抗拉拔试验。

（七）其他

1. 多层建筑楼梯一层不设残疾人通道。

2. 油漆：所有木门均为聚氨酯清漆罩面。所有铁件去锈后红丹打底，刷黑色调合漆三道。公共楼梯栏杆采用黑色铁艺栏杆，扶手采用黑色木扶手，详05ZJ401（W 18 9 28）。

3. 室外踏步以C15混凝土浇捣，面层材料同该层楼面。

4. 室外地坪雨水排放均以0.5%坡度向用地边线找坡。经雨水井汇集后排入城市雨水管网。

5. 凡排向屋面的顶跃屋面雨水管其下方均设混凝土水簸箕，详05ZJ201（C 32）。

屋面排水与阳台排水不共用立管，阳台排水另增设一直径为110mm立管。

6. 本工程各门窗过梁详结施说明。

7. 当结构洞口大于门窗洞口时，由非结构墙砌筑，并按构造要求与结构墙拉结。

8. 本工程凡涉及外立面颜色和材质均须由设计方同甲方确定。

9. 本工程选用国家及地方标准图集：

中南地区通用建筑标准设计《建筑配件图集》合订本（2005）（1）～（3）

国家建筑标准设计图集02J121-1《外墙外保温建筑构造（一）》

未尽事宜应按国家及地方的规程规范进行施工。

门窗明细表

类别	编号	洞口尺寸		数量	窗台高	备注
		宽度(mm)	高度(mm)			
窗	C-1	1800	3000	2	300	铝合金普通中空玻璃窗
	C-2	1500	1500	3	900	铝合金普通中空玻璃窗
	C-2a	1500	1000	1	900	铝合金普通中空玻璃窗
	C-2b	1500	1300	1	1500	铝合金普通中空玻璃窗
	C-2c	1500	1300	1	1650	铝合金普通中空玻璃窗
	C-2d	1500	1500	1	1650	铝合金普通中空玻璃窗
	C-3	900	1500	1	900	铝合金普通中空玻璃窗
	TC-1	1800	2400	2	900	铝合金普通中空玻璃窗(凸窗)
	TC-2	1800	2100	10	600	铝合金普通中空玻璃窗(凸窗)
门	M-1	1500	2500	2		铝合金玻璃平开门
	M-2	1200	2100	4		防盗门
	M-3	1500	2100	2		夹板门 88ZJ601 M21-1521
	M-4	1000	2100	1		夹板门 88ZJ601 M21-1021
	M-5	900	2100	6		夹板门 88ZJ601 M21-0921
	M-6	800	2100	5		夹板门 88ZJ601 M21-0821
	TM-1	1500	2400	1		铝合金中空玻璃推拉窗
	TM-2	1500	2100	2		铝合金中空玻璃推拉窗

××××建筑勘察设计有限公司	建设单位：		审定		项目号	
	项目名称：		审核		专业	建筑
			校对		阶段	施工图
资质： 级	建筑设计总说明（续）		设计		图号	建-02
证书编号：××××-sj			项目负责人		日期	

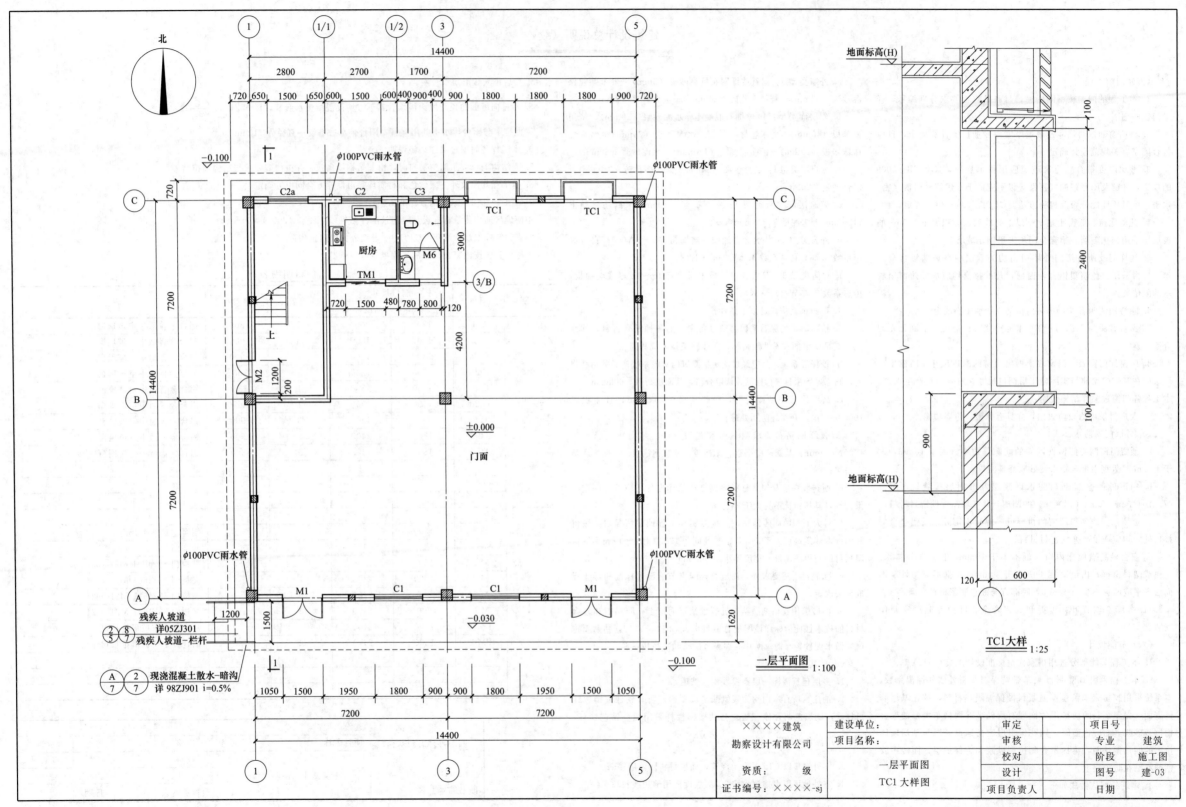

北

φ100PVC雨水管
φ100PVC雨水管

-0.100

C2a   C2   C3

TC1   TC1

厨房

M6

TM1

3/B

上

M2

±0.000

门面

φ100PVC雨水管   φ100PVC雨水管

残疾人坡道
详05ZJ301
残疾人坡道-栏杆

M1   C1   C1   M1

-0.030

现浇混凝土散水-暗沟
详 98ZJ901 i=0.5%

-0.100

一层平面图 1:100

地面标高(H)

地面标高(H)

TC1大样 1:25

××××建筑 勘察设计有限公司 资质：　　级 证书编号：××××-sj	建设单位：	审定		项目号	
	项目名称：	审核		专业	建筑
	一层平面图 TC1 大样图	校对		阶段	施工图
		设计		图号	建-03
		项目负责人		日期	

4

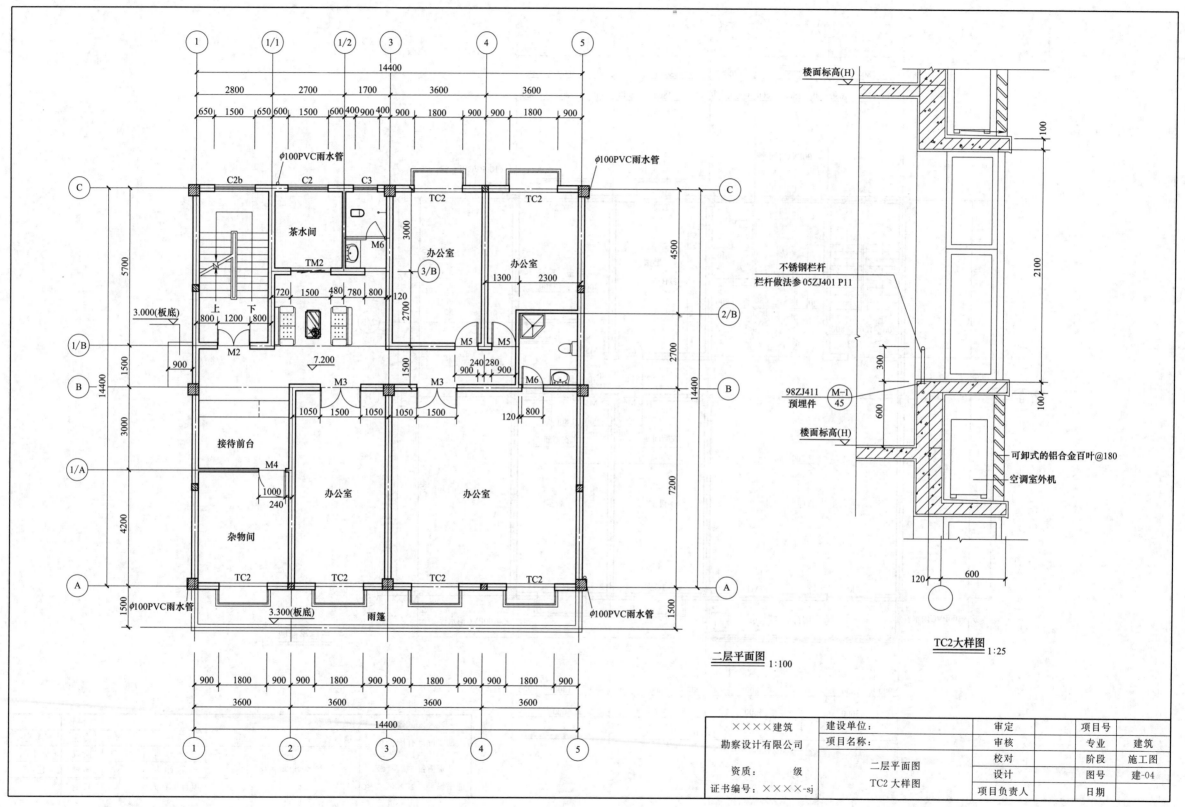

二层平面图 1:100

φ100PVC雨水管

C2b C2 C3

TC2 TC2

茶水间

办公室

办公室

M6

TM2

(3/B)

1300 2300

上 下

M5 M5

M2

7.200

M3 M3

M6

接待前台

M4

办公室

办公室

杂物间

TC2 TC2 TC2 TC2

雨篷

φ100PVC雨水管

3.000(板底)

3.300(板底)

TC2大样图 1:25

楼面标高(H)

不锈钢栏杆
栏杆做法参 05ZJ401 P11

98ZJ411
预埋件

M-1
45

楼面标高(H)

可卸式的铝合金百叶@180

空调室外机

××××建筑	建设单位：		审定		项目号	
勘察设计有限公司	项目名称：		审核		专业	建筑
	二层平面图		校对		阶段	施工图
资质： 级	TC2 大样图		设计		图号	建-04
证书编号：××××-sj			项目负责人		日期	

5

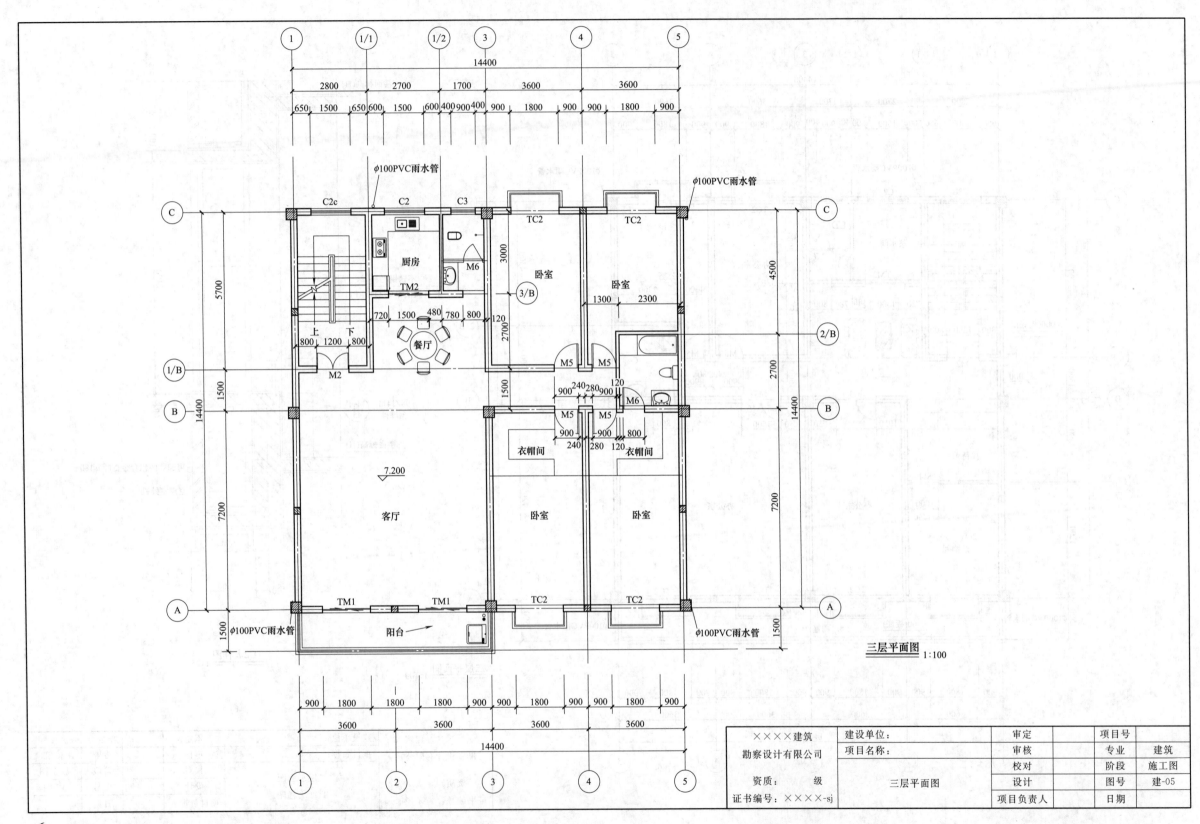

厨房
餐厅
卧室
卧室
衣帽间
衣帽间
客厅
卧室
卧室
阳台

φ100PVC雨水管
φ100PVC雨水管
φ100PVC雨水管
φ100PVC雨水管

三层平面图 1:100

7.200

××××建筑	建设单位：		审定		项目号	
勘察设计有限公司	项目名称：		审核		专业	建筑
			校对		阶段	施工图
资质： 级		三层平面图	设计		图号	建-05
证书编号：××××-sj			项目负责人		日期	

6

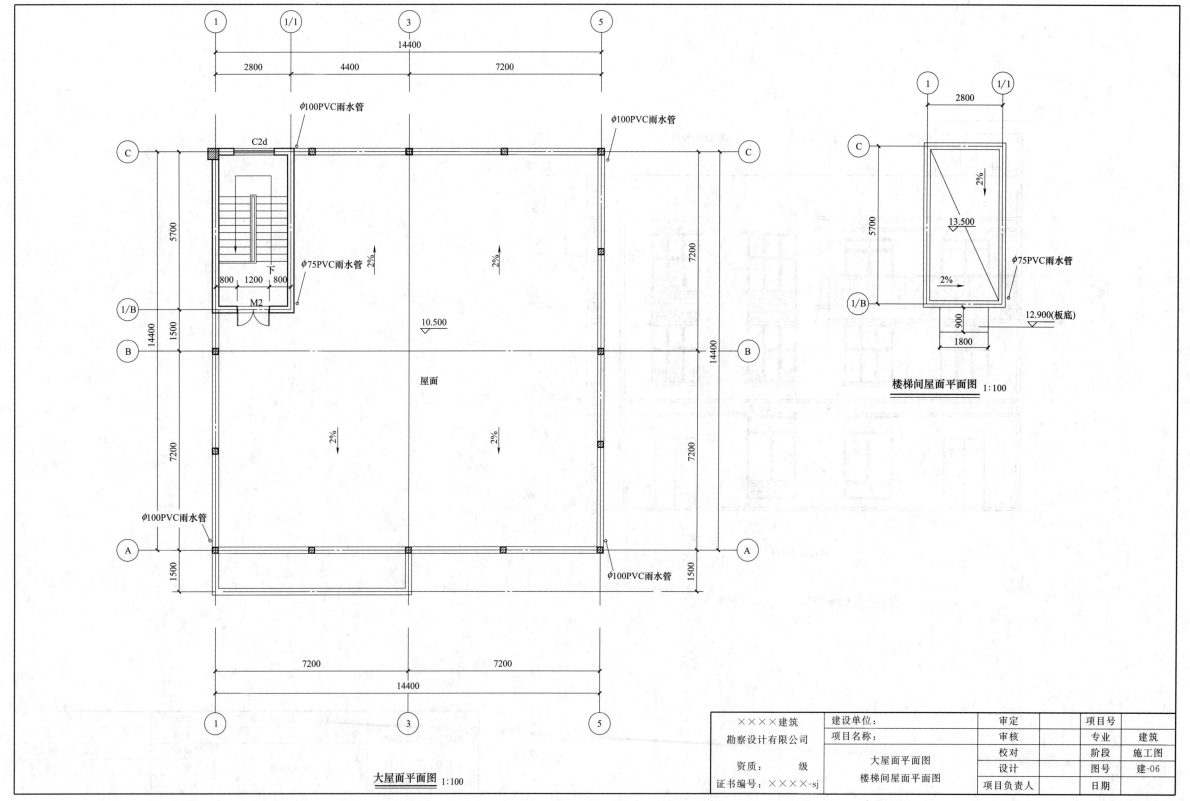

φ100PVC雨水管

φ100PVC雨水管

C2d

φ75PVC雨水管

10.500

屋面

φ100PVC雨水管

φ100PVC雨水管

2800　4400　7200

14400

5700

14400

1500

7200

1500

800　1200　800

M2

下

2%　2%

2%　2%

7200　7200

14400

大屋面平面图 1:100

2800

5700

13.500

2%

2%

900

1800

12.900(板底)

φ75PVC雨水管

楼梯间屋面平面图 1:100

××××建筑 勘察设计有限公司 资质：　级 证书编号：××××-sj	建设单位：		审定		项目号	
	项目名称：		审核		专业	建筑
	大屋面平面图 楼梯间屋面平面图		校对		阶段	施工图
			设计		图号	建-06
			项目负责人		日期	

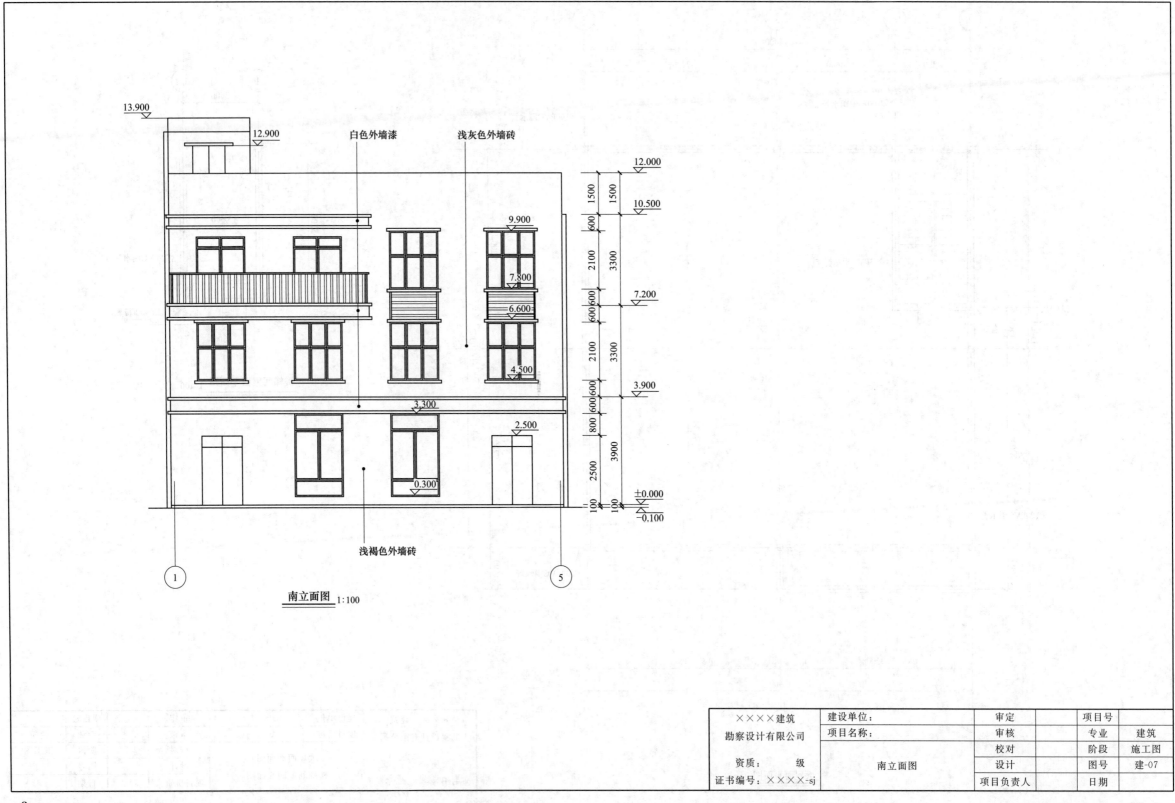

白色外墙漆   浅灰色外墙砖

13.900

12.900

12.000

10.500

9.900

7.800

6.600

4.500

3.300

2.500

0.300

±0.000
-0.100

1500

1500

600

2100

3300

600

600

7.200

600

2100

3300

600

800

3.900

2500

3900

100

100

浅褐色外墙砖

①   ⑤

南立面图 1:100

××××建筑	建设单位：		审定		项目号	
勘察设计有限公司	项目名称：		审核		专业	建筑
			校对		阶段	施工图
资质：　级		南立面图	设计		图号	建-07
证书编号：××××-sj			项目负责人		日期	

8

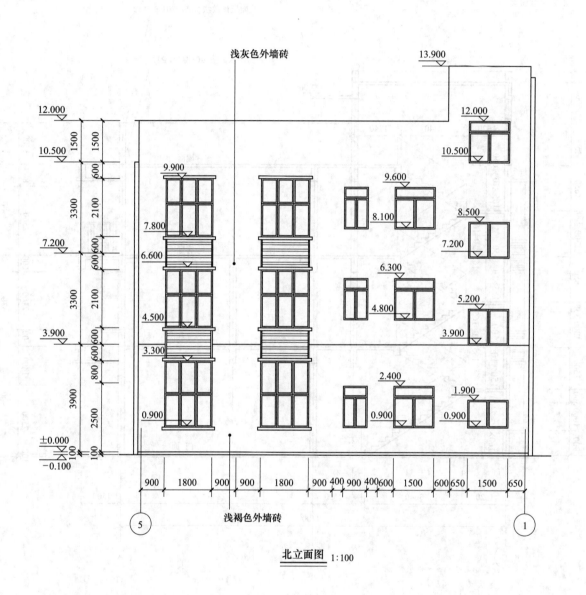

浅灰色外墙砖

13.900

浅褐色外墙砖

北立面图 1:100

××××建筑	建设单位：		审定		项目号	
勘察设计有限公司	项目名称：		审核		专业	建筑
			校对		阶段	施工图
资质：　级		北立面图	设计		图号	建-08
证书编号：××××-sj			项目负责人		日期	

9

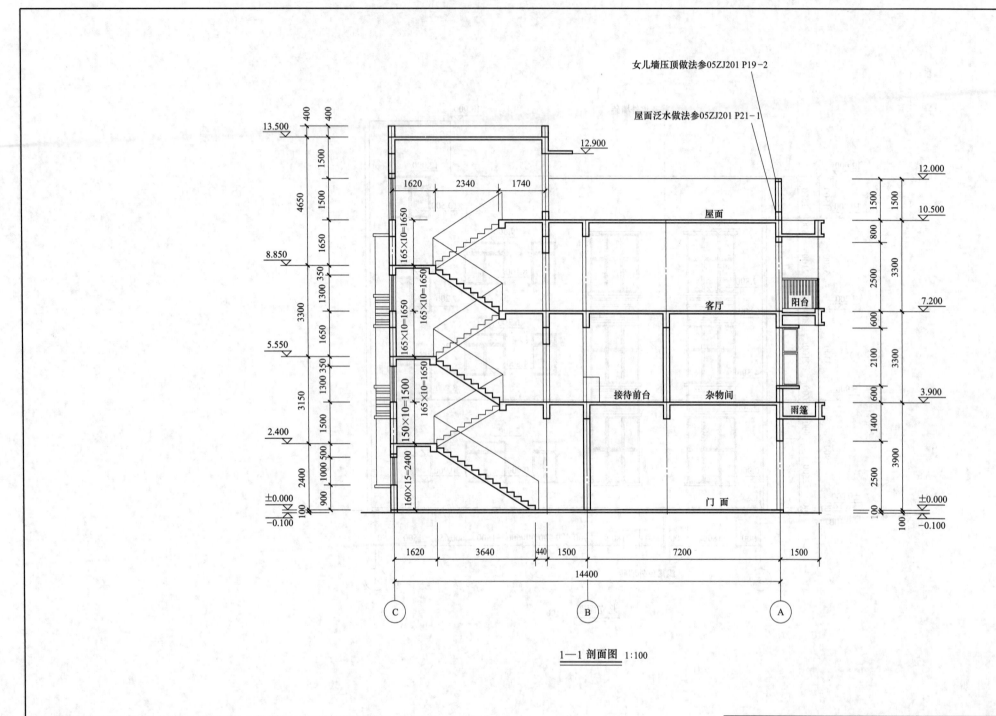

女儿墙压顶做法参05ZJ201 P19-2

屋面泛水做法参05ZJ201 P21-1

1—1 剖面图 1:100

10

小型综合楼

	设计阶段	施工图
	建筑专业	××年××月

结 构 图 纸 目 录

_____工程

序号	图纸名称	图纸编号 新图	图纸编号 复用图	图幅	附注
1	结构图纸目录	结-00		0.125	
2	结构设计总说明	结-01		0.25	
3	结构设计总说明（续）	结-02		0.25	
4	基础方案一 柱下独立基础平法注写布置图	结-03		0.25	
5	基础顶～3.870柱平面布置图	结-04		0.25	
6	3.870～7.170柱平面布置图	结-05		0.25	
7	7.170～10.470柱平面布置图	结-06		0.25	
8	10.470～13.470柱平面布置图	结-07		0.25	
9	基础梁配筋平面图	结-08		0.25	
10	二层梁配筋平面图	结-09		0.25	
11	二层板配筋平面图	结-10		0.25	
12	三层梁配筋平面图	结-11		0.25	
13	三层板配筋平面图	结-12		0.25	
14	大星面层梁板平法配筋图	结-13		0.25	
15	楼梯间屋面配筋平面图、凸窗剖面图	结-14		0.25	
16	T-1剖面图 楼梯-0.030～2.370标高平面图	结-15		0.25	
17	楼梯2.370～3.870标高平面图 楼梯5.520～7.170标高平面图 楼梯7.170～10.470标高平面图	结-16		0.25	
18	基础方案二 桩基础平面布置图	结-03		0.25	
19	基础方案二 桩基大样图	结-03a		0.25	
20	基础方案二 桩基说明	结-03b		0.25	
21	基础方案三 板式筏形基础平面布置图	结-03		0.25	
22	基础方案四 梁板式筏形基础平面布置图	结-03		0.25	

总自然张数		图纸总图幅 新图	复用图	合计

工程负责人		制表	
检表		描表	

结构设计总说明

一、一般说明

1. 全部尺寸除注明外，均以毫米（mm）为单位；标高以米（m）为单位。

2. 本工程位于××市××区南湖路以南、芙蓉路以西。

   本工程±0.000标高，对应绝对标高为66.980。

   结构形式为框架结构，结构安全等级为二级；

   耐火等级二级，地下室耐火等级××级；地下室混凝土抗渗等级为××；

   房屋结构所处环境：室内为一类环境；厨、卫板为二a类环境；与土接触的混凝土结构为二b类。

   房屋设计使用年限为50年，逾期使用应经技术鉴定及设计许可。

3. 本工程为丙类抗震建筑，按6度地震烈度设防，设计基本地震加速度值为0.05g，设计分组为第1组；框架抗震等级为四级。

4. 本工程的基础形式为（√）者。基础设计说明另见详图。地基基础设计等级为丙级。

   本工程场地土类型为中硬场地，建筑场地类别为Ⅱ类。无可液化层。

   (1)天然地基与基础（√）；(2)锤击夯扩灌注桩（ ）；(3)筏形基础（ ）；

   (4)人工挖孔桩（ ）；(5)长螺旋CFG桩复合地基基础（ ）。

   本工程须按国家标准及规范做好沉降观测。

5. 本工程结构施工图采用国家建筑标准图集11G101-1～3平面整体表示法进行绘制，施工人员必须按照施工图和图集11G101及与其配套的12G901系列图集施工。

6. 选用材料

   (1)混凝土除有另注明者外，各楼层混凝土强度等级见表1：

楼层结构标高及混凝土等级　　表1

层次	层标高 H(m)	层高	混凝土等级 墙、柱	混凝土等级 梁、板
一层	−0.030	3900	C30	C30
二层	3.870	3300	C30	C30
三层	7.170	3300	C30	C30
大屋面层	10.470	3000	C30	C30
楼梯间屋面	13.470			C30

   (2)钢筋"Φ"为HPB300级"Φ"为HRB335级，"Φ"为HRB400级，"Φ"为HRB500级；抗震等级为一、二、三级的框架和斜撑构件（含梯段）中的纵向受力钢筋应采用HRB335E、HRB400E、HRB500E、HRBF335E、HRBF400E或HRBF500F钢筋（牌号带"E"的钢筋是专门为满足本条性能要求生产的钢筋，其表面轧有专用标志），钢筋的抗拉强度实测值与屈服强度实测值的比值不应小于1.25；钢筋的屈服强度实测值与强度标准值的比值不应大于1.3，且钢筋在最大拉力下的总伸长率实测值不应小于9%。若施工单位选用的钢筋牌号与设计不符时必须征得设计单位同意。

   (3)框架结构的填充墙应采用新型墙体，施工质量控制等级为B级。见表2：

砌体材料　　表2

楼层	块材名称及强度等级	砂浆名称及强度等级	备注
一层～顶层	MU10.0烧结页岩多孔砖，重度<13kN/m³ 240×115×90	M5.0混合砂浆	外墙及分户墙
一层～顶层	MU10.0烧结页岩多孔砖，重度<13kN/m³ 240×115×90	M5.0混合砂浆	120内墙
一层～顶层	A3.5加气混凝土砌块，重度<8.0kN/m³	M5.0混合砂浆	240内墙

7. 纵向受拉钢筋的最小锚固和搭接长度、混凝土保护层厚度、箍筋及拉筋弯钩构造见11G101-1-$\frac{-}{53}$～$\frac{-}{56}$；框支柱、框支梁配筋构造见11G101-1-$\frac{-}{90}$钢筋直径大于22时，一律采用焊接或机械连接，焊接长度单面焊为10d，双面焊为5d。

8. 当墙、柱的混凝土强度等级高于梁、板等级时，按图一施工。

9. 各楼层使用荷载标准值见表3：

标准层房间活荷载标准值（kN/m²）　　表3

房间	办公室	卧室、客厅	厨、卫	阳台	楼梯
活载	2.0	2.0	2.0	2.50	2.0

房间	屋顶水箱	上人屋面	基本雪压	基本风压	
活载		2.0	0.45	0.35	

二、钢筋混凝土结构构件的规定

（一）楼（屋）板

1. 单向板底部的分布筋及单向板、双向板支座筋的分布筋，除图中注明外，屋面及外露构件用Φ6@150，其他用Φ6@200。

2. 除注明外双向板底部钢筋放置顺序：短向钢筋放在底层，长向钢筋放在短向钢筋之上。

3. 所有板筋搭接长度见11G101-1-$\frac{-}{55}$。

4. 当相邻板面标高相差≤30时，板面筋可拉通，但应在支座梁内调整，以保证板的有效高度，详见图二。

5. 对于配有双层双向钢筋的楼板除注明者外，均应加支撑钢筋，其型式如。支撑钢筋的高度h除另有注明外，取h＝板厚－2个保护层－2个板直径以保证上下层钢筋位置准确，支撑筋为Φ8，每平方米设置一个。

6. 跨度（短边）大于3.6m的板，要求板跨中起拱L/400，并且四角均应附加斜筋，见图三。位于房屋阳角（包括变形缝）处的楼（屋）面板不论跨度均在四角设附加斜筋，见图三。

7. 楼板开洞除图中注明外，当洞宽不大于300时，可不设附加筋，板上钢筋绕过洞外，不需切断，当300<洞口≤1000时，洞侧设补强钢筋详图见图四，补强筋伸出洞边≥L_a，圈洞环筋搭接长度≥1.2L_a。

8. 给水排水管道及设备孔洞均需按相关专业平面图位置及大小预留，不得后凿。

9. 山墙、楼梯间、电梯间等若为钢筋混凝土墙，该处楼板钢筋应锚入墙内1.2L_aE（抗震）或1.2L_a（不抗震）。

10. 楼面板跨≤4.2m选用钢筋混凝土预制板，预制板详图集12ZG301（钢筋混凝土平板）及12ZG401（预应力混凝土空心板）；楼面板跨>4.2m及图中要求的板、厨、卫、阳台、楼梯为现浇。

11. 板钢筋构造见11G101-1相关页。

12. 悬臂板构造详11G101-1-$\frac{-}{95}$。

13. 洞口反沿构造，如图五所示。厨、卫反沿构造，如图七所示。

（二）梁

1. 对于跨度为4m和4m以上的梁，悬臂跨度大于2m的梁，应注意按施工规范起拱。

2. 由于设备需要在梁开洞或设预埋件，应严格按照设计图纸规定设置。

3. 梁其他构造要求应根据非抗震及抗震等级11G101-1相关章页。

4. 悬臂梁的构造详见11G10-1-$\frac{-}{89}$，悬臂梁混凝土强度达到100%时方能拆底模。

（三）柱

1. 各楼层结构平面图中，凡未标注柱边线定位尺寸者，该柱截面中心线即为该方向建筑轴线。

2. 柱其他构造要求应根据非抗震及抗震等级11G101-1相关章页。

3. 框柱与地下室外墙交接处应加腋详见图九。

（四）后浇带与施工缝

1. 后浇带的做法（详见施工图中大样）：

   a. 屋面板设置后浇带时，板带内的钢筋贯通不切断，并设加强钢筋，板带内配置加强筋为板受力筋面积的一半（如板筋为Φ12@150则加强筋为Φ12@300）详见图十。

   b. 对于地下室底板后浇带，钢筋除a点处理外还须将垫层局部加厚，板中加止水带，止水带采用钢板详见图十一，板上方加盖板以阻止杂物掉入。

   c. 后浇带混凝土与原构件混凝土浇灌的间隔时间：主体完工后浇筑。

   后浇混凝土强度等级应比原构件混凝土强度等级高一级，并采用微膨胀混凝土。

   d. 对于地下室外墙后浇带，钢筋除a点处理外还需在外墙的外侧加铺防水层，并以M5水泥砂浆砌120厚砖墙压紧，墙中加止水带详见图十二。

2. 施工缝的设置

   a. 肋形楼盖当沿着次梁的方向浇灌混凝土时，施工缝应留在次梁跨度的中间三分之一范围内；如沿垂直于次梁的方向浇灌时，施工缝应留在主梁同时亦为板跨度中央四分之二的范围内；如浇灌平板楼盖时，施工缝应平行于板的短边。

   b. 地下室底板与墙板交接处，一般要求不设施工缝，如确需设置时，应在距离底板面500以上的墙板内设置，接缝处加止水带详见图十三。

××××建筑勘察设计有限公司 资质：级 证书编号：××××-sj	建设单位：	审定	项目号
	项目名称：	审核	专业 结构
		校对	阶段 施工图
	结构设计总说明	设计	图号 结-01
		项目负责人	日期

结构设计总说明（续）

（五）外加剂

地下室底、顶梁板、墙、柱混凝土内掺 HEA 抗裂型混凝土高效防水剂，掺量为水泥量的 8%，后浇带混凝土中的掺量为水泥量的 12%。

三、砌体部分

1. 当围护墙或间隔墙的水平长度大于 5m 而墙端部没有钢筋混凝土柱时，应在墙端及墙中部加设构造柱，构造柱的柱顶及柱脚应在主体结构中预埋 4⌀12 短竖筋，钢筋接驳长度 35d，先砌墙，后浇柱，柱的混凝土强度为 C20，截面尺寸取墙厚×180，竖筋用 4⌀12，箍筋用⌀6@100/200。墙与柱的拉结筋（沿墙高@500设 2⌀6，两端各伸入墙内 1000）应在砌墙时预埋，并砌成大马牙槎。

2. 高度大于 4m 的 240 砖墙或大于 3m 的 120 砖墙，需在墙半高处设钢筋混凝土 QL 一道，配筋详见图十四。

3. 钢筋混凝土墙、柱与砌体的连接应沿钢筋混凝土墙、柱高度每隔 500 预埋 2⌀6 钢筋，锚入混凝土墙、柱内 200，伸入砖墙内不少于砖墙长的 1/5 及 700，若墙垛不是上述长度，则伸入墙内长度取墙垛长，该钢筋末端设直钩，钢筋混凝土墙、柱与砌体（内、外墙）交接处墙、柱高度方向设 500 宽钢丝网（两面）。

4. 砖墙内的门洞、窗洞或设备孔，其洞顶均需设过梁，除图上另有注明外，过梁选用 12ZG313（中南标）2 级荷载，洞边为柱时，应与柱一起浇；当梁与过梁间距较小时，梁与过梁纵筋连接构造详见图八。

四、其他

1. 首层高度 4m 以下的内隔墙，可以直接砌筑在混凝土地面上，具体做法详见图六。

2. 楼板上 120 砖墙下无梁时，须在板底增设 3⌀4 钢筋，钢筋两端锚入梁内 12d。

3. 楼梯扶手栏杆，钢梯及钢栏杆在混凝土结构上应设置预埋件，其位置及构件详建筑图及相应选用的标准图。

4. 施工质量应符合砌体结构，混凝土结构工程等施工及验收规范。

5. 施工时应与水、电、暖通等有关专业图纸配合。

待水、电管道安装完毕后，水井、电井应用 100 厚板封闭，配双层双向⌀8@150。

6. 工程所用外加剂须经过本公司设计人员认可方可使用。

7. 甲方未选择电梯型号，施工时须根据甲方确定的厂家提供的土建资料进行预留预埋。

8. 当柱边砖垛尺寸＜120 时，用同强度素混凝土与柱整浇。

9. 工程设计主要技术依据：

《建筑结构可靠度设计统一标准》GB 50068—2001
《建筑结构荷载规范》G B 50009—2012
《混凝土结构设计规范》GB 50010—2010
《建筑抗震设计规范》GB 50011—2010
《混凝土结构耐久性设计规范》GB/T 50476—2008
《建筑地基基础设计规范》GB 50007—2011
《建筑桩基技术规范》JGJ 94—2008
《砌体结构设计规范》GB 50003—2011
《地下工程防水技术规范》GB 50108—2008
《人民防空地下室设计规范》GB 50038—2005

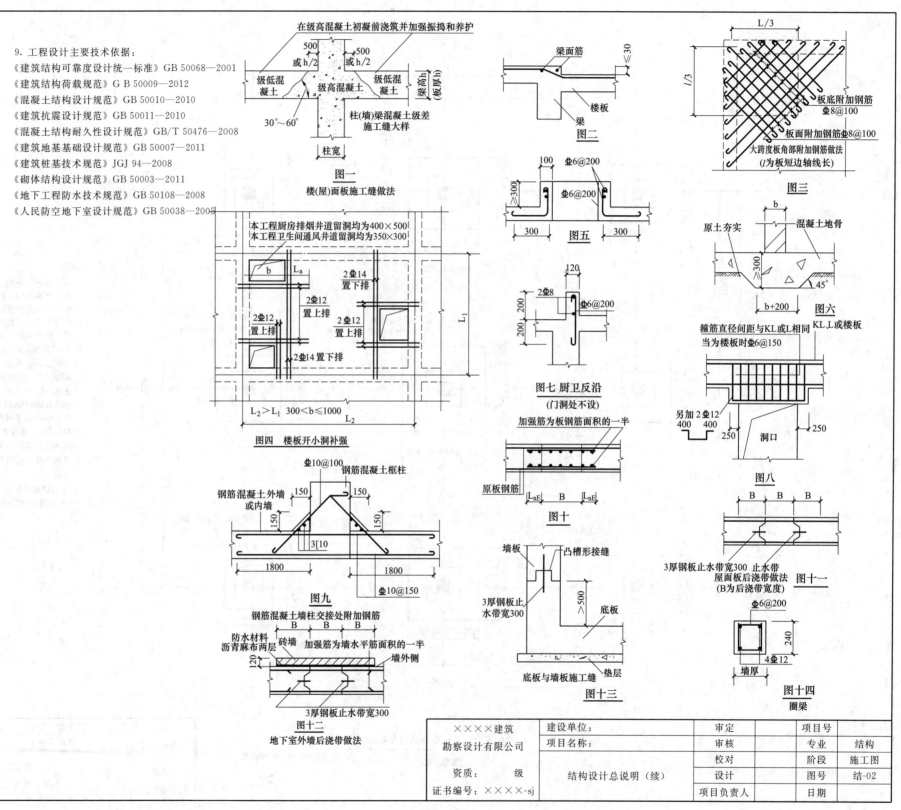

图一 楼(屋)面板施工缝做法

图二

图三

图四 楼板开小洞补强

图五

图六

图七 厨卫反沿（门洞处不设）

图八

图九

图十

图十一 屋面板后浇带做法（B 为后浇带宽度）

图十二 地下室外墙后浇带做法

图十三 底板与墙体施工缝

图十四 圈梁

××××建筑勘察设计有限公司 资质：　级 证书编号：××××-sj	建设单位：		审定		项目号	
	项目名称：		审核		专业	结构
			校对		阶段	施工图
	结构设计总说明（续）		设计		图号	结-02
			项目负责人		日期	

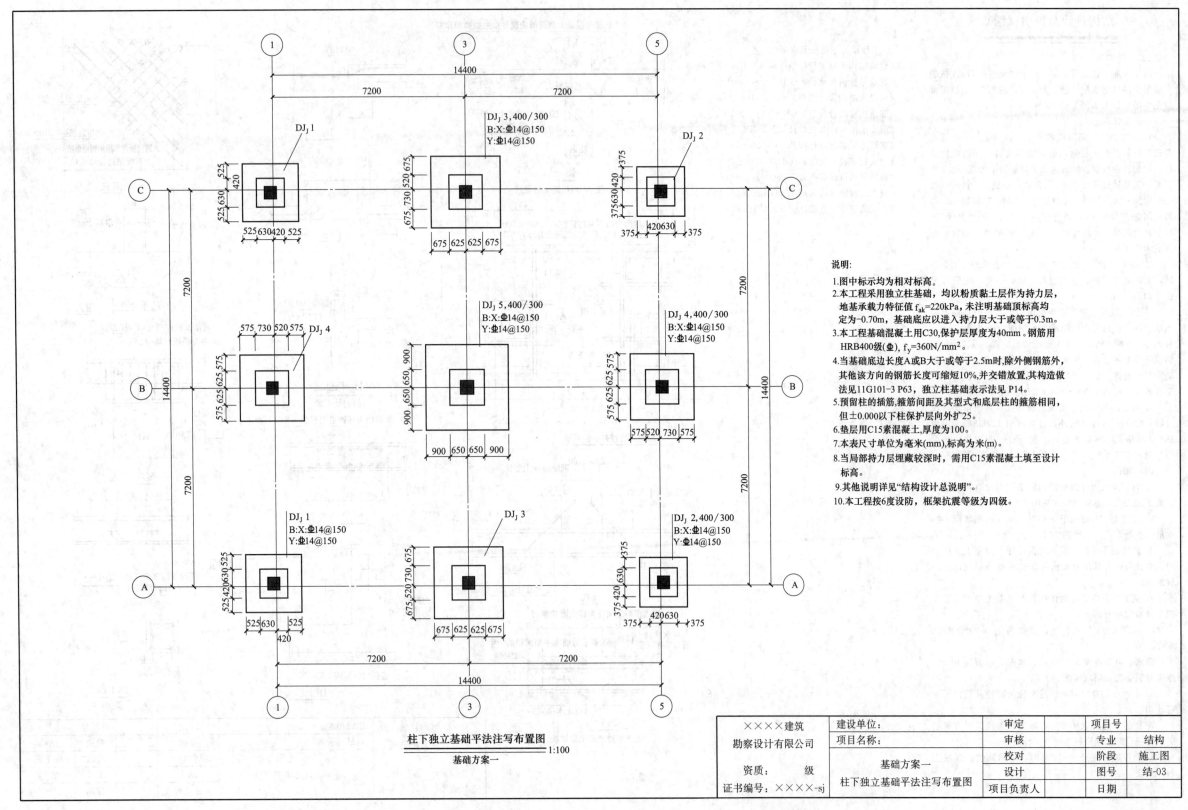

DJ_J 1

DJ_J 3,400/300
B:X:Φ14@150
Y:Φ14@150

DJ_J 2

DJ_J 5,400/300
B:X:Φ14@150
Y:Φ14@150

DJ_J 4,400/300
B:X:Φ14@150
Y:Φ14@150

DJ_J 4

DJ_J 1
B:X:Φ14@150
Y:Φ14@150

DJ_J 3

DJ_J 2,400/300
B:X:Φ14@150
Y:Φ14@150

说明：
1.图中标示均为相对标高。
2.本工程采用独立柱基础，均以粉质黏土层作为持力层，地基承载力特征值 f_{ak}=220kPa，未注明基础顶标高均定为−0.70m，基础底应以进入持力层大于或等于0.3m。
3.本工程基础混凝土用C30,保护层厚度为40mm。钢筋用HRB400级(Φ), f_y=360N/mm²。
4.当基础底边长度A或B大于或等于2.5m时,除外侧钢筋外,其他该方向的钢筋长度可缩短10%,并交错放置,其构造做法见11G101−3 P63,独立柱基础表示法见P14。
5.预留柱的插筋,箍筋间距及其型式和底层柱的箍筋相同,但±0.000以下柱保护层向外扩25。
6.垫层用C15素混凝土,厚度为100。
7.本表尺寸单位为毫米(mm),标高为米(m)。
8.当局部持力层埋藏较深时,需用C15素混凝土填至设计标高。
9.其他说明详见"结构设计总说明"。
10.本工程按6度设防,框架抗震等级为四级。

柱下独立基础平法注写布置图
基础方案一 1:100

××××建筑	建设单位：		审定		项目号	
勘察设计有限公司	项目名称：		审核		专业	结构
	基础方案一		校对		阶段	施工图
资质： 级	柱下独立基础平法注写布置图		设计		图号	结-03
证书编号：××××-sj			项目负责人		日期	

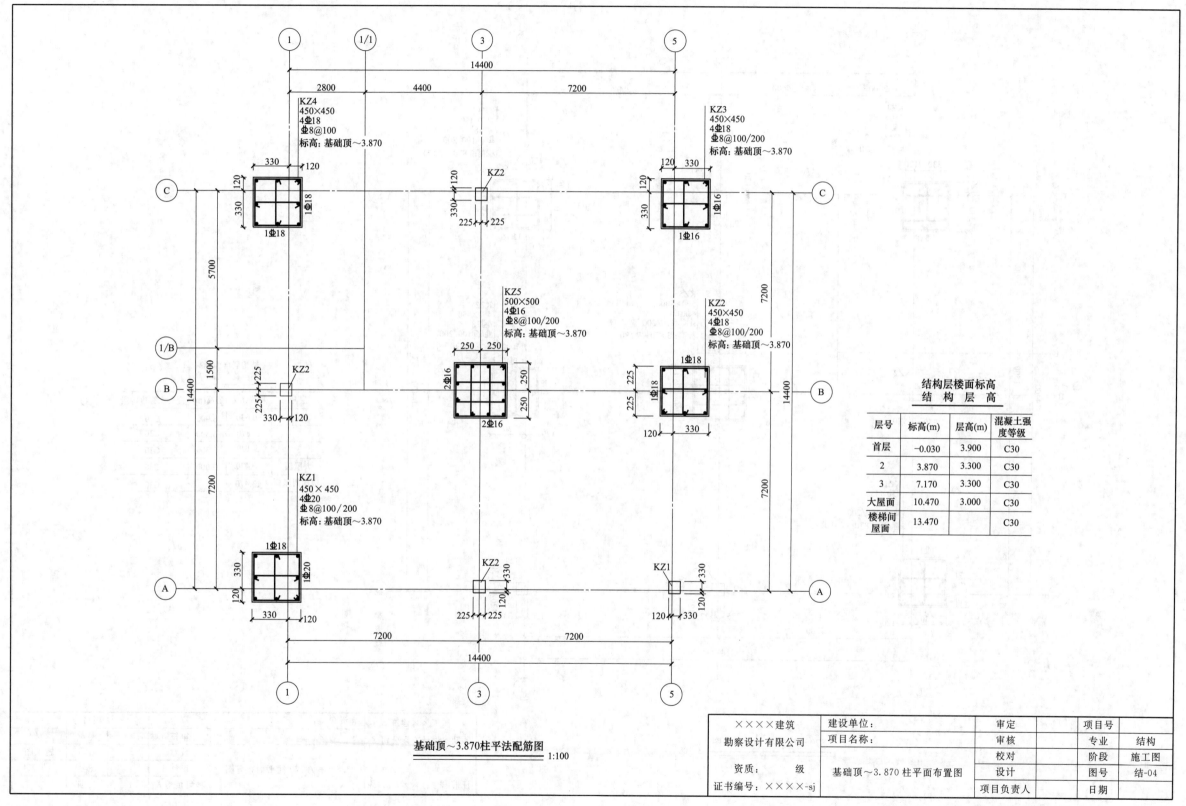

结构层楼面标高
结 构 层 高

层号	标高(m)	层高(m)	混凝土强度等级
首层	-0.030	3.900	C30
2	3.870	3.300	C30
3	7.170	3.300	C30
大屋面	10.470	3.000	C30
楼梯间屋面	13.470		C30

基础顶～3.870柱平法配筋图 1:100

××××建筑	建设单位：		审定		项目号	
勘察设计有限公司	项目名称：		审核		专业	结构
			校对		阶段	施工图
资质：　级	基础顶～3.870柱平面布置图		设计		图号	结-04
证书编号：××××-sj			项目负责人		日期	

15

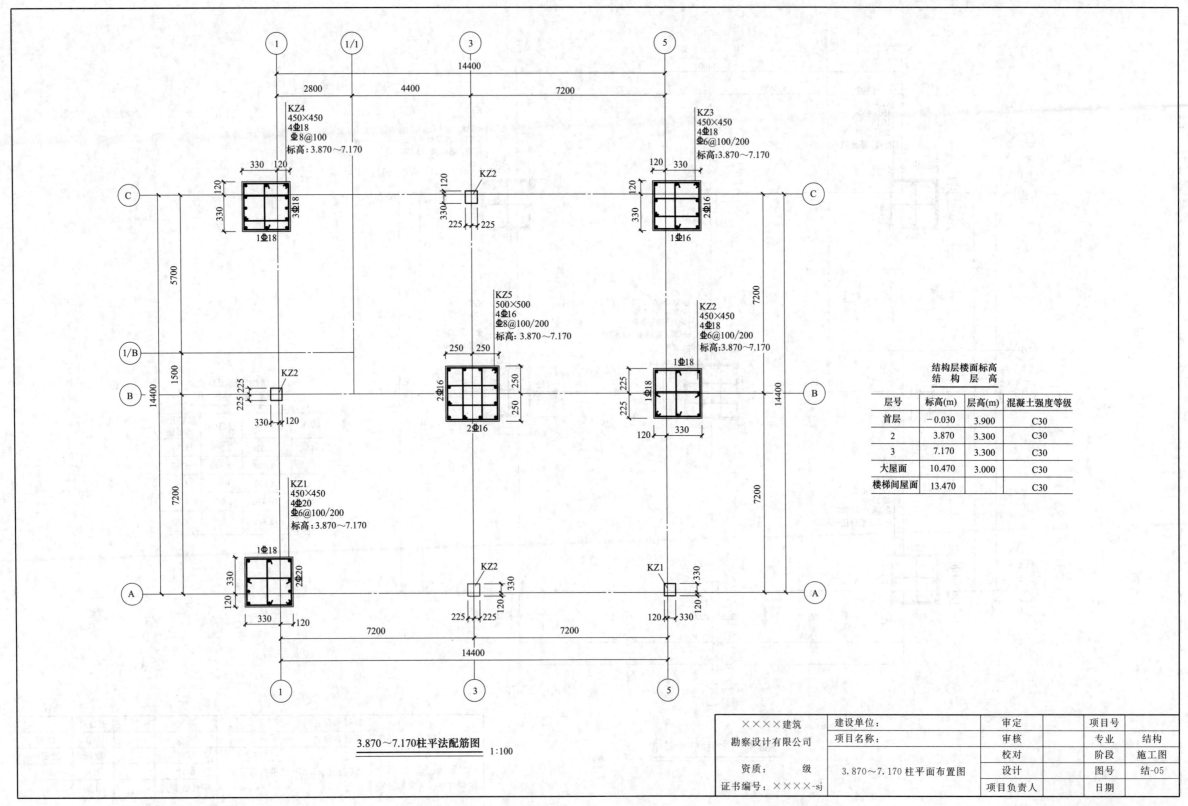

结构层楼面标高
结 构 层 高

层号	标高(m)	层高(m)	混凝土强度等级
首层	-0.030	3.900	C30
2	3.870	3.300	C30
3	7.170	3.300	C30
大屋面	10.470	3.000	C30
楼梯间屋面	13.470		C30

KZ4
450×450
4Φ18
Φ8@100
标高:3.870~7.170

KZ3
450×450
4Φ18
Φ6@100/200
标高:3.870~7.170

KZ5
500×500
4Φ16
Φ8@100/200
标高:3.870~7.170

KZ2
450×450
4Φ18
Φ6@100/200
标高:3.870~7.170

KZ1
450×450
4Φ20
Φ6@100/200
标高:3.870~7.170

3.870~7.170柱平法配筋图 1:100

××××建筑	建设单位:		审定		项目号	
勘察设计有限公司	项目名称:		审核		专业	结构
			校对		阶段	施工图
资质: 级	3.870~7.170柱平面布置图		设计		图号	结-05
证书编号:××××-sj			项目负责人		日期	

16

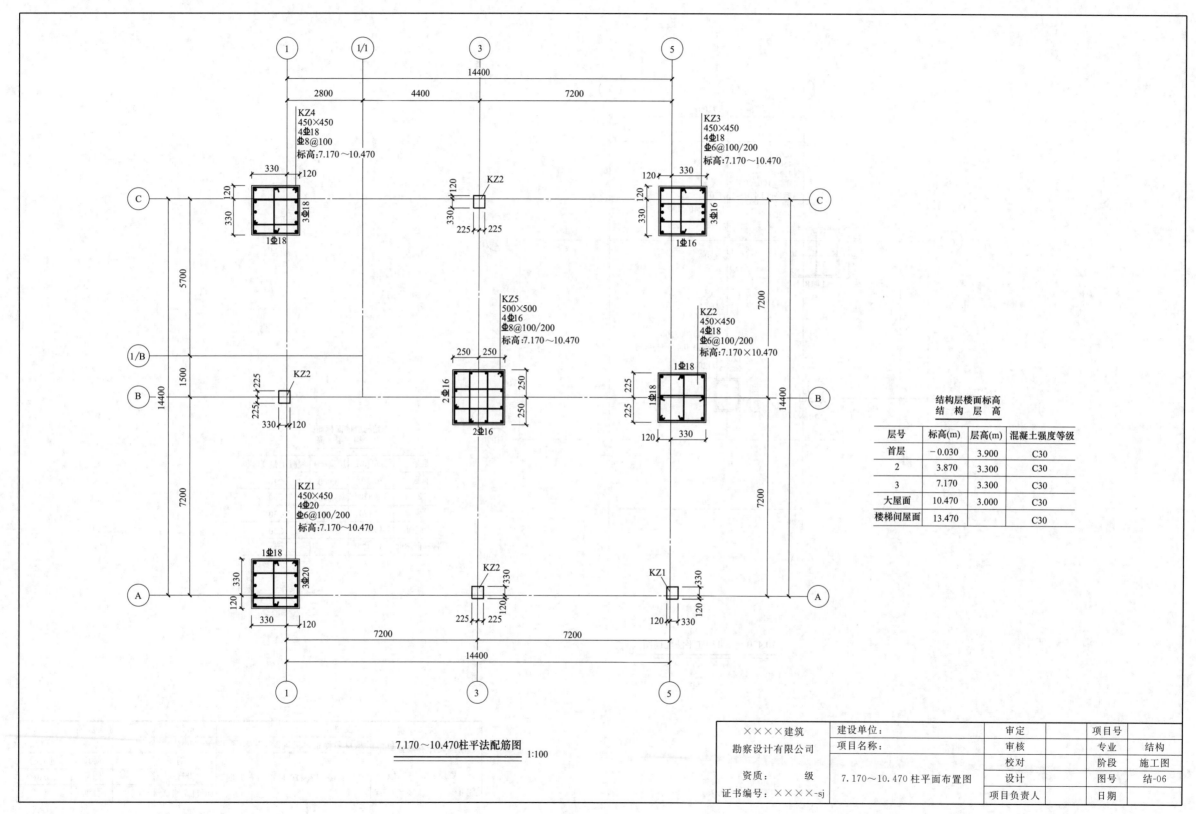

7.170～10.470柱平法配筋图 1:100

结构层楼面标高
结构层高

层号	标高(m)	层高(m)	混凝土强度等级
首层	−0.030	3.900	C30
2	3.870	3.300	C30
3	7.170	3.300	C30
大屋面	10.470	3.000	C30
楼梯间屋面	13.470		C30

KZ4
450×450
4Φ18
Φ8@100
标高:7.170～10.470

KZ3
450×450
4Φ18
Φ6@100/200
标高:7.170～10.470

KZ5
500×500
4Φ16
Φ8@100/200
标高:7.170～10.470

KZ2
450×450
4Φ18
Φ6@100/200
标高:7.170×10.470

KZ1
450×450
4Φ20
Φ6@100/200
标高:7.170～10.470

××××建筑 勘察设计有限公司 资质：　　级 证书编号：××××-sj	建设单位：		审定		项目号	
	项目名称：		审核		专业	结构
			校对		阶段	施工图
	7.170～10.470柱平面布置图		设计		图号	结-06
			项目负责人		日期	

17

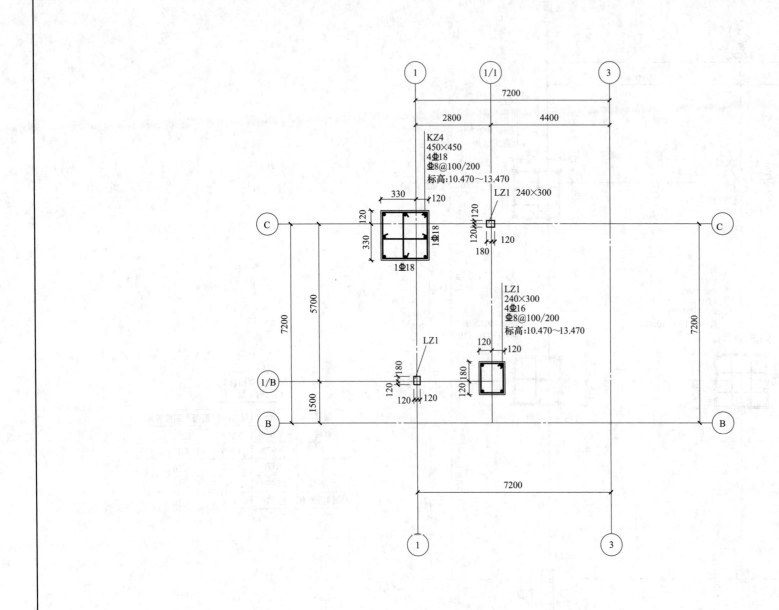

KZ4
450×450
4Φ18
Φ8@100/200
标高:10.470～13.470

LZ1 240×300

1Φ18
1Φ18

LZ1
240×300
4Φ16
Φ8@100/200
标高:10.470～13.470

LZ1

10.470～13.470柱平法配筋图 1:100

结构层楼面标高
结 构 层 高

层号	标高(m)	层高(m)	混凝土强度等级
首层	−0.030	3.900	C30
2	3.870	3.300	C30
3	7.170	3.300	C30
大屋面	10.470	3.000	C30
楼梯间屋面	13.470		C30

××××建筑 勘察设计有限公司 资质: 级 证书编号：××××-sj	建设单位：		审定		项目号	
	项目名称：		审核		专业	结构
	10.470～13.470 柱平面布置图		校对		阶段	施工图
			设计		图号	结-07
			项目负责人		日期	

18

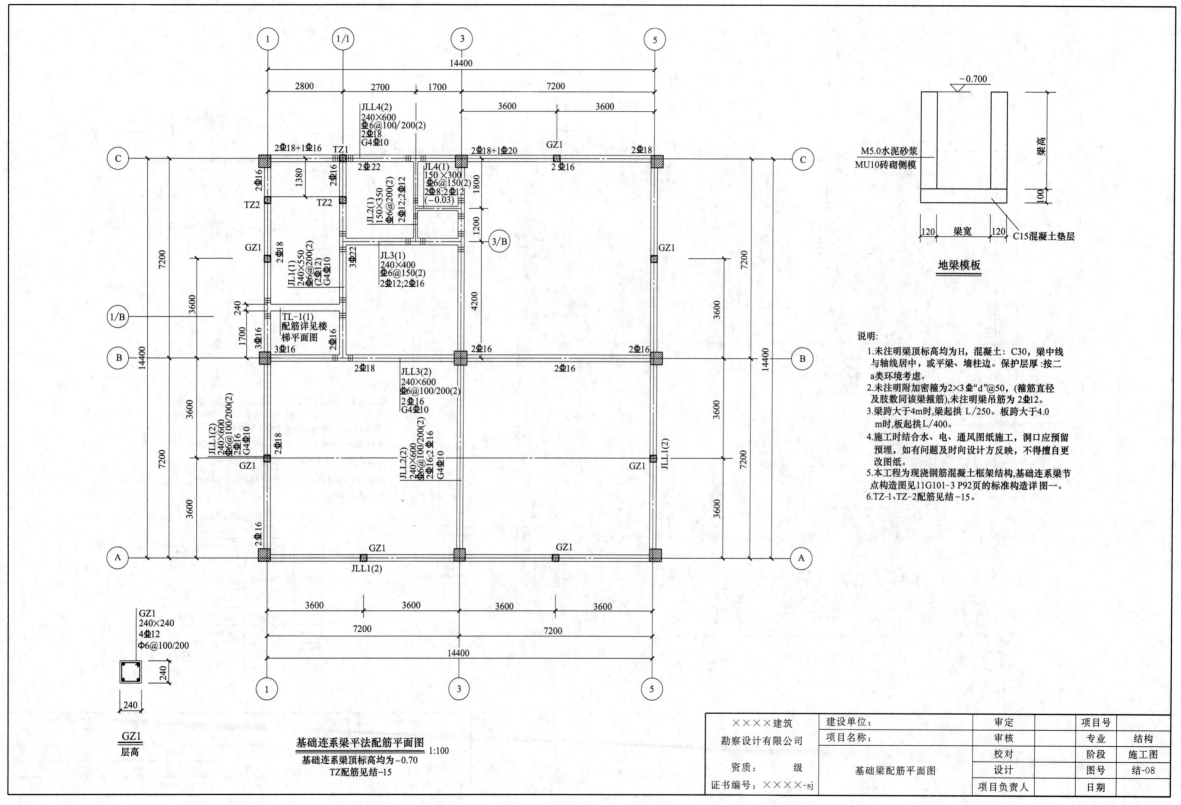

地梁模板

M5.0水泥砂浆
MU10砖砌侧模
C15混凝土垫层

说明:
1.未注明梁顶标高均为H,混凝土:C30,梁中线与轴线居中,或平梁、墙柱边。保护层厚:按二a类环境考虑。
2.未注明附加箍为2×3 Φ"d"@50,(箍筋直径及肢数同该梁箍筋),未注明梁吊筋为2Φ12。
3.梁跨大于4m时,梁起拱 L/250。板跨大于4.0 m时,板起拱L/400。
4.施工时结合水、电、通风图纸施工,洞口应预留预埋,如有问题及时向设计方反映,不得擅自更改图纸。
5.本工程为现浇钢筋混凝土框架结构,基础连系梁节点构造图见11G101-3 P92页的标准构造详图一。
6.TZ-1、TZ-2配筋见结-15。

GZ1
240×240
4Φ12
Φ6@100/200

GZ1
层高

基础连系梁平法配筋平面图 1:100
基础连系梁顶标高均为-0.70
TZ配筋见结-15

××××建筑 勘察设计有限公司	建设单位:	审定		项目号	
	项目名称:	审核		专业	结构
		校对		阶段	施工图
资质: 级	基础梁配筋平面图	设计		图号	结-08
证书编号:××××-sj		项目负责人		日期	

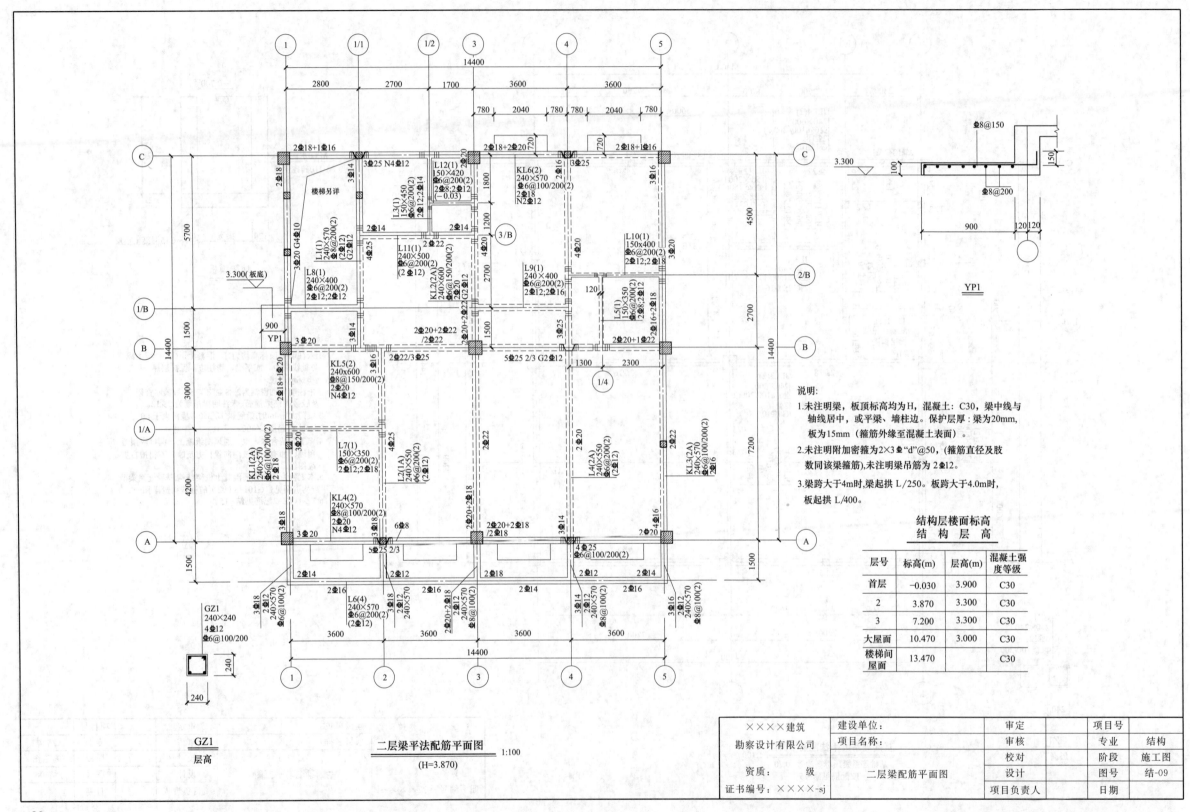

说明:

1. 未注明梁,板顶标高均为H,混凝土:C30,梁中线与轴线居中,或平梁、墙柱边。保护层厚:梁为20mm,板为15mm(箍筋外缘至混凝土表面)。
2. 未注明附加密箍为2×3 Φ"d"@50,(箍筋直径及肢数同该梁箍筋),未注明梁吊筋为2Φ12。
3. 梁跨大于4m时,梁起拱 L/250。板跨大于4.0m时,板起拱 L/400。

结构层楼面标高
结 构 层 高

层号	标高(m)	层高(m)	混凝土强度等级
首层	-0.030	3.900	C30
2	3.870	3.300	C30
3	7.200	3.300	C30
大屋面	10.470	3.000	C30
楼梯间屋面	13.470		C30

GZ1
层高

二层梁平法配筋平面图 1:100
(H=3.870)

YP1

××××建筑勘察设计有限公司	建设单位:	审定	项目号	
	项目名称:	审核	专业	结构
资质: 级	二层梁配筋平面图	校对	阶段	施工图
		设计	图号	结-09
证书编号:××××-sj		项目负责人	日期	

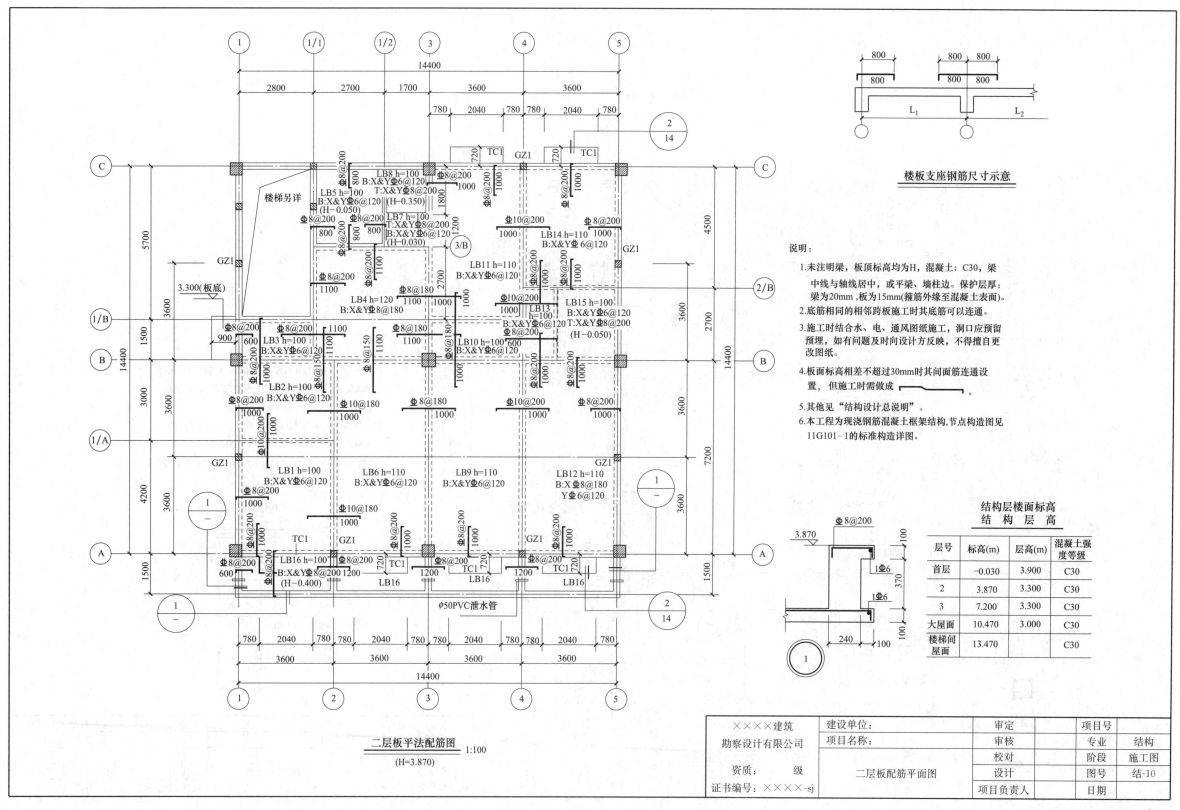

楼板支座钢筋尺寸示意

说明：

1. 未注明梁，板顶标高均为H，混凝土：C30，梁中线与轴线居中，或平梁、墙柱边。保护层厚：梁为20mm，板为15mm(箍筋外缘至混凝土表面)。

2. 底筋相同的相邻跨板施工时其底筋可以连通。

3. 施工时结合水、电、通风图纸施工，洞口应预留预埋，如有问题及时向设计方反映，不得擅自更改图纸。

4. 板面标高相差不超过30mm时其间面筋连通设置，但施工时需做成 ⌐⌐ 。

5. 其他见"结构设计总说明"。

6. 本工程为现浇钢筋混凝土框架结构，节点构造图见11G101-1的标准构造详图。

结构层楼面标高
结构层高

层号	标高(m)	层高(m)	混凝土强度等级
首层	−0.030	3.900	C30
2	3.870	3.300	C30
3	7.200	3.300	C30
大屋面	10.470	3.000	C30
楼梯间屋面	13.470		C30

二层板平法配筋图 1:100
(H=3.870)

××××建筑	建设单位：		审定		项目号	
勘察设计有限公司	项目名称：		审核		专业	结构
			校对		阶段	施工图
资质：　级	二层板配筋平面图		设计		图号	结-10
证书编号：××××-sj			项目负责人		日期	

21

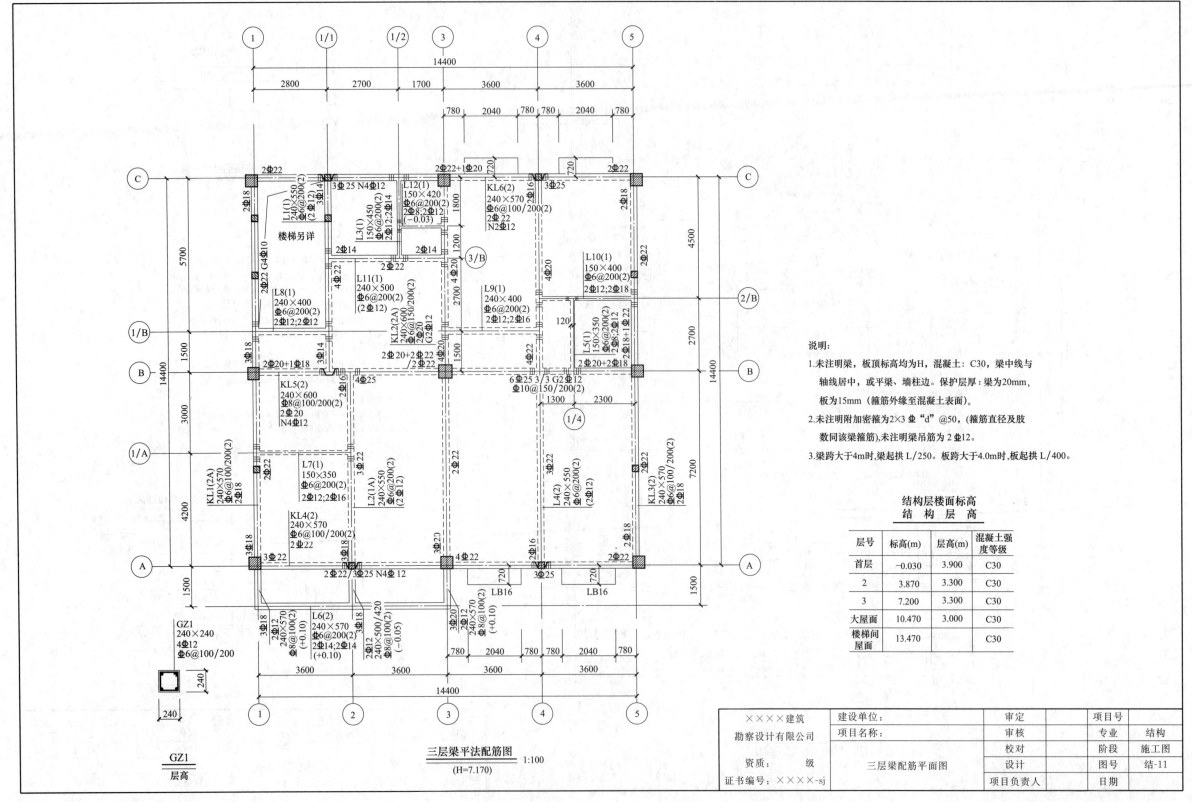

说明:
1. 未注明梁, 板顶标高均为H, 混凝土: C30, 梁中线与轴线居中, 或平梁、墙柱边。保护层厚: 梁为20mm, 板为15mm (箍筋外缘至混凝土表面)。
2. 未注明附加箍为2×3 Φ "d" @50, (箍筋直径及肢数同该梁箍筋), 未注明梁吊筋为 2Φ12。
3. 梁跨大于4m时, 梁起拱 L/250。板跨大于4.0m时, 板起拱 L/400。

结构层楼面标高
结构层高

层号	标高(m)	层高(m)	混凝土强度等级
首层	-0.030	3.900	C30
2	3.870	3.300	C30
3	7.200	3.300	C30
大屋面	10.470	3.000	C30
楼梯间屋面	13.470		C30

GZ1
240×240
4Φ12
Φ6@100/200

GZ1
层高

三层梁平法配筋图 1:100
(H=7.170)

××××建筑
勘察设计有限公司
资质: 级
证书编号: ××××-sj

×××× 建筑 勘察设计有限公司	建设单位:	审定		项目号	
	项目名称:	审核		专业	结构
		校对		阶段	施工图
	三层梁配筋平面图	设计		图号	结-11
		项目负责人		日期	

22

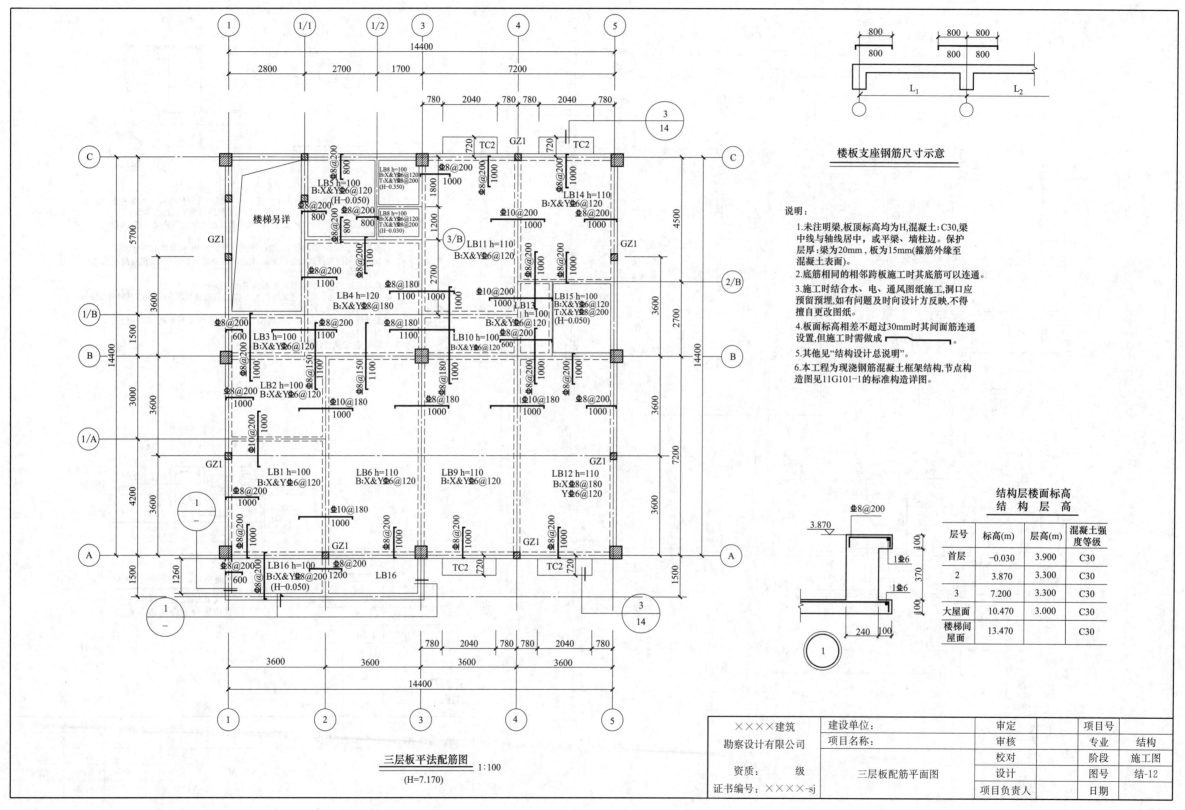

楼板支座钢筋尺寸示意

说明:

1.未注明梁,板顶标高均为H,混凝土:C30,梁中线与轴线居中,或平梁、墙柱边。保护层厚:梁为20mm,板为15mm(箍筋外缘至混凝土表面)。

2.底筋相同的相邻跨板施工时其底筋可以连通。

3.施工时结合水、电、通风图纸施工,洞口应预留预埋,如有问题及时向设计方反映,不得擅自更改图纸。

4.板面标高相差不超过30mm时其间面筋连通设置,但施工时需做成 ⌐_⌐ 。

5.其他见"结构设计总说明"。

6.本工程为现浇钢筋混凝土框架结构,节点构造图见11G101-1的标准构造详图。

结构层楼面标高
结构层高

层号	标高(m)	层高(m)	混凝土强度等级
首层	-0.030	3.900	C30
2	3.870	3.300	C30
3	7.200	3.300	C30
大屋面	10.470	3.000	C30
楼梯间屋面	13.470		C30

三层板平法配筋图 1:100

(H=7.170)

××××建筑勘察设计有限公司	建设单位:		审定		项目号	
	项目名称:		审核		专业	结构
			校对		阶段	施工图
资质: 级	三层板配筋平面图		设计		图号	结-12
证书编号:××××-sj			项目负责人		日期	

23

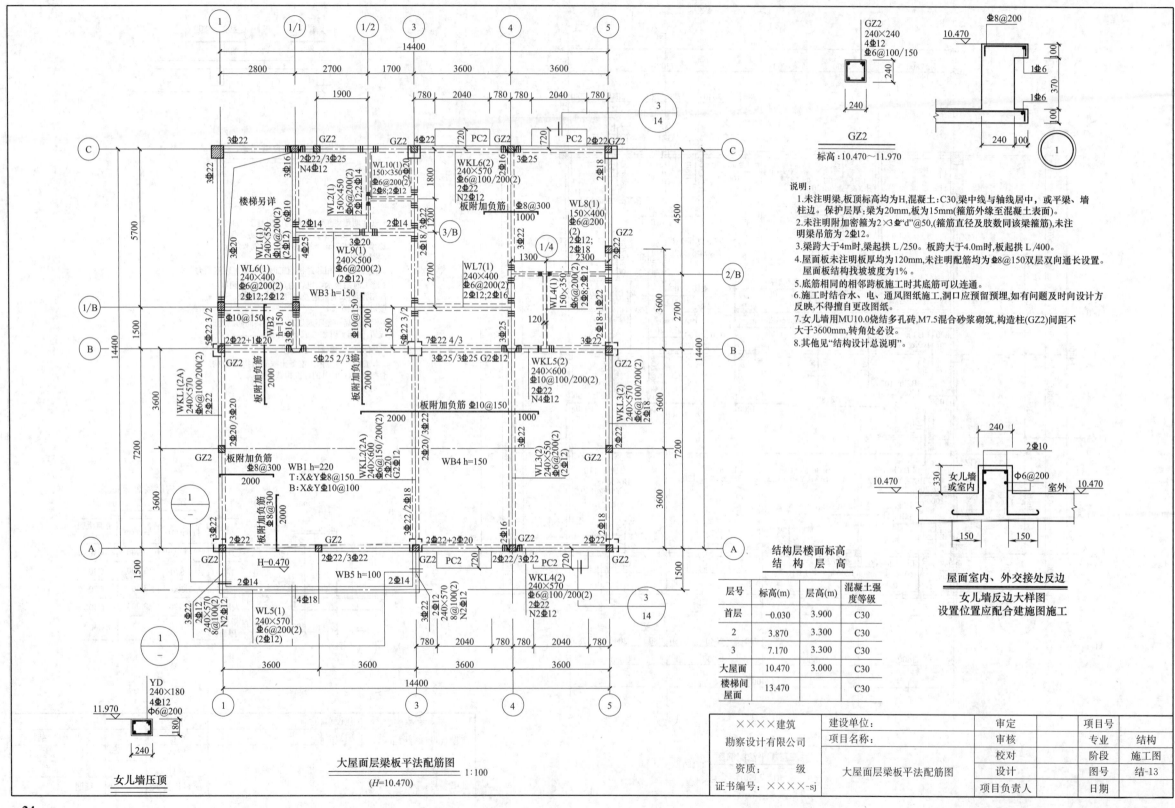

GZ2
240×240
4Φ12
Φ6@100/150

GZ2
标高:10.470~11.970

说明:
1. 未注明梁,板顶标高均为H,混凝土:C30,梁中线与轴线居中,或平梁、墙柱边。保护层厚:梁为20mm,板为15mm(箍筋外缘至混凝土表面)。
2. 未注明附加密箍为2×3Φ"d"@50,(箍筋直径及肢数同该梁箍筋),未注明梁吊筋为2Φ12。
3. 梁跨大于4m时,梁起拱 L/250。板跨大于4.0m时,板起拱 L/400。
4. 屋面板未注明板厚均为120mm,未注明配筋均为Φ8@150双层双向通长设置。屋面板结构找坡坡度为1%。
5. 底筋相同的相邻跨板施工时其底筋可以连通。
6. 施工时结合水、电、通风图纸施工,洞口应预留预埋,如有问题及时向设计方反映,不得擅自更改图纸。
7. 女儿墙用MU10.0烧结多孔砖,M7.5混合砂浆砌筑,构造柱(GZ2)间距不大于3600mm,转角处必设。
8. 其他见"结构设计总说明"。

屋面室内、外交接处反边
女儿墙反边大样图
设置位置应配合建施图施工

结构层楼面标高
结构层高

层号	标高(m)	层高(m)	混凝土强度等级
首层	-0.030	3.900	C30
2	3.870	3.300	C30
3	7.170	3.300	C30
大屋面	10.470	3.000	C30
楼梯间屋面	13.470		C30

YD
240×180
4Φ12
Φ6@200

女儿墙压顶

大屋面层梁板平法配筋图 1:100
(H=10.470)

××××建筑	建设单位:	审定	项目号	
勘察设计有限公司	项目名称:	审核	专业	结构
		校对	阶段	施工图
资质: 级	大屋面层梁板平法配筋图	设计	图号	结-13
证书编号:××××-sj		项目负责人	日期	

24

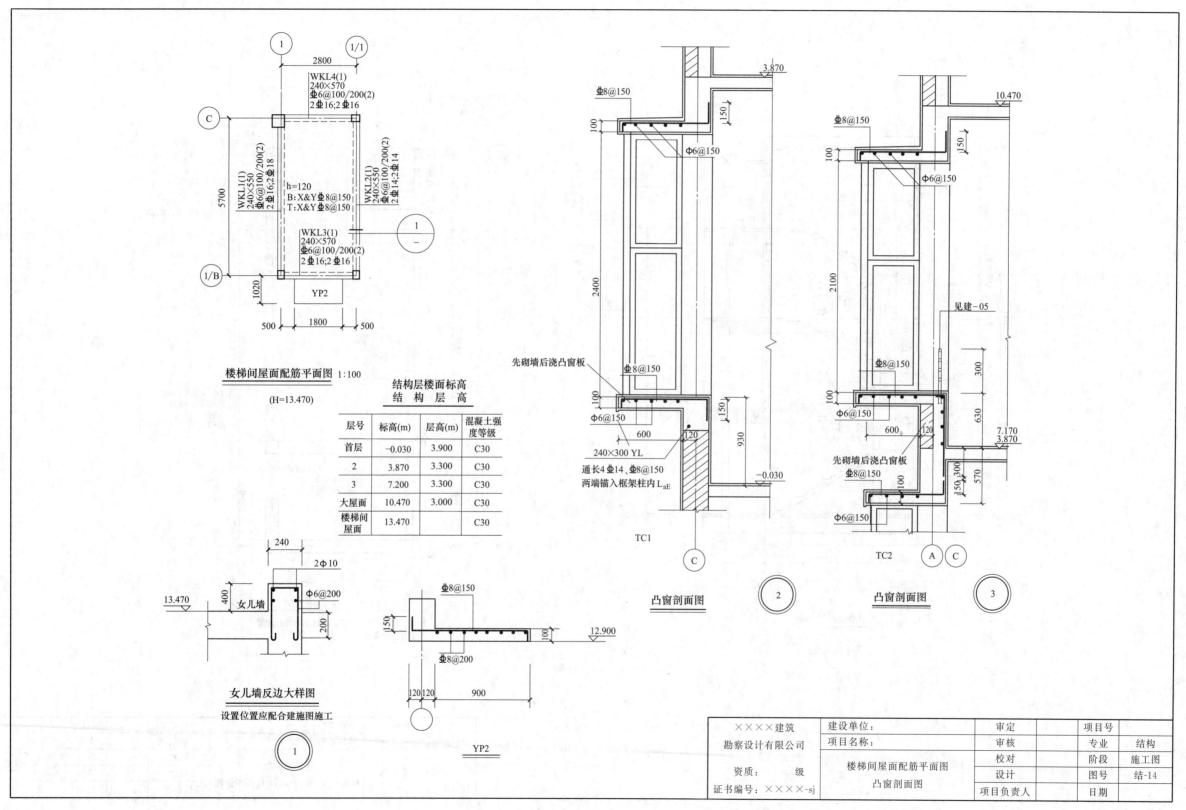

楼梯间屋面配筋平面图 1:100

(H=13.470)

结构层楼面标高
结构层高

层号	标高(m)	层高(m)	混凝土强度等级
首层	-0.030	3.900	C30
2	3.870	3.300	C30
3	7.200	3.300	C30
大屋面	10.470	3.000	C30
楼梯间屋面	13.470		C30

女儿墙反边大样图
设置位置应配合建施图施工

YP2

凸窗剖面图

TC1

凸窗剖面图

TC2

××××建筑
勘察设计有限公司

资质：   级
证书编号：××××-sj

建设单位：		审定		项目号	
项目名称：		审核		专业	结构
楼梯间屋面配筋平面图 凸窗剖面图		校对		阶段	施工图
		设计		图号	结-14
		项目负责人		日期	

25

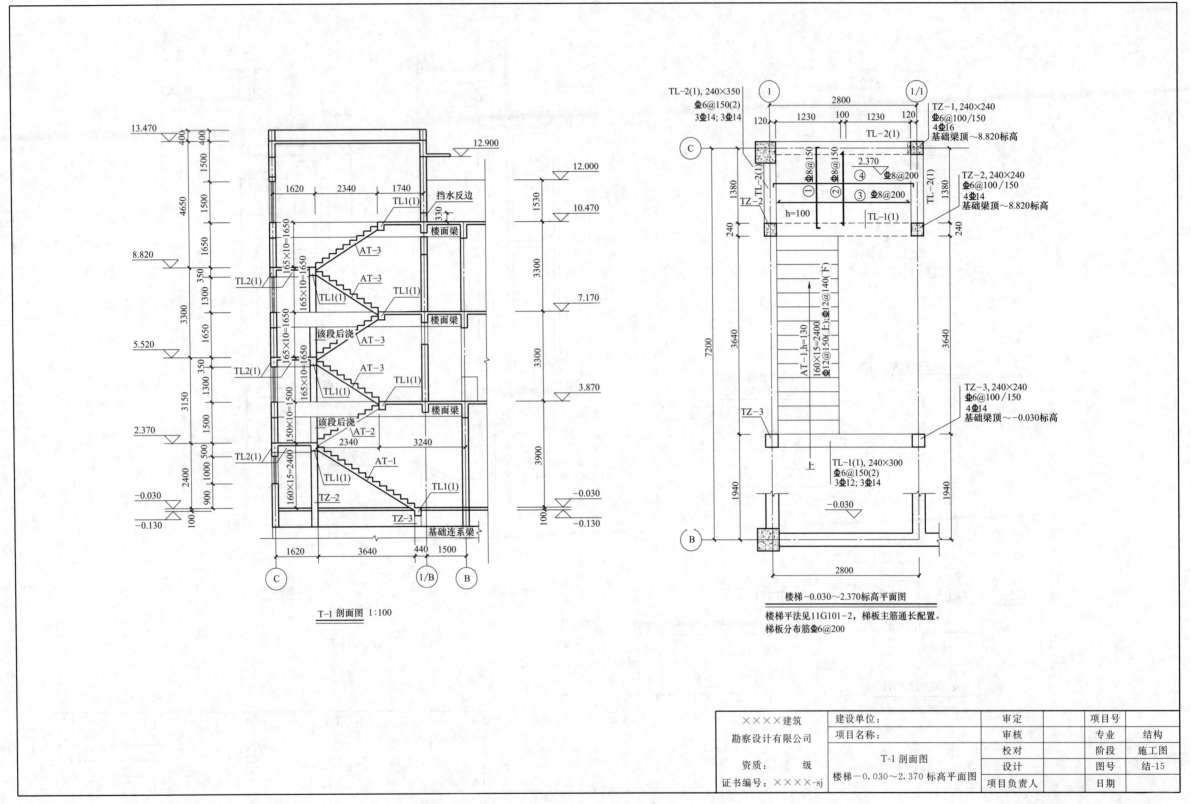

T-1 剖面图 1:100

楼梯-0.030～2.370标高平面图

楼梯平法见11G101-2，梯板主筋通长配置。
梯板分布筋6@200

TL-2(1), 240×350
6@150(2)
3Φ14; 3Φ14

TZ-1, 240×240
6@100/150
4Φ16
基础梁顶～8.820标高

TZ-2, 240×240
6@100/150
4Φ14
基础梁顶～8.820标高

TZ-3, 240×240
6@100/150
4Φ14
基础梁顶～-0.030标高

TL-1(1), 240×300
6@150(2)
3Φ12; 3Φ14

××××建筑	建设单位：		审定		项目号	
勘察设计有限公司	项目名称：		审核		专业	结构
	T-1 剖面图		校对		阶段	施工图
资质： 级	楼梯-0.030～2.370 标高平面图		设计		图号	结-15
证书编号：××××-sj			项目负责人		日期	

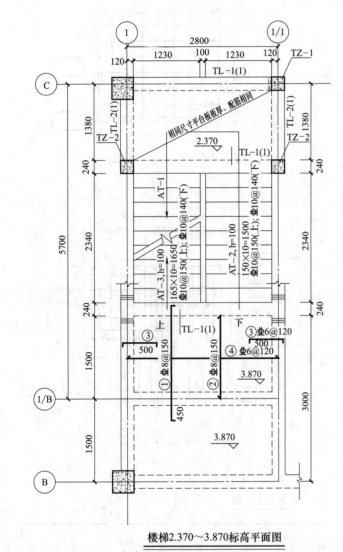

楼梯2.370~3.870标高平面图

楼梯平法见11G101-2，梯板主筋通长配置。

梯板分布筋Φ6@200。

未注明附加密箍为2×3Φ"d"@50(箍筋直径及肢数同该梁箍筋)

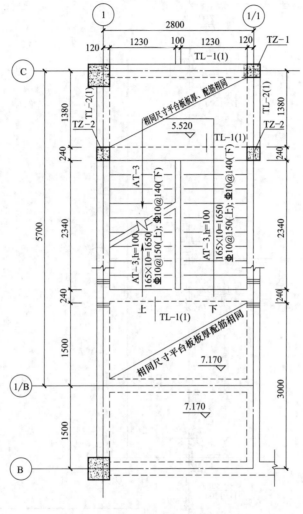

楼梯5.520~7.170标高平面图

楼梯平法见11G101-2，梯板主筋通长配置。

梯板分布筋Φ6@200。

未注明附加密箍为2×3Φ"d"@50(箍筋直径及肢数同该梁箍筋)

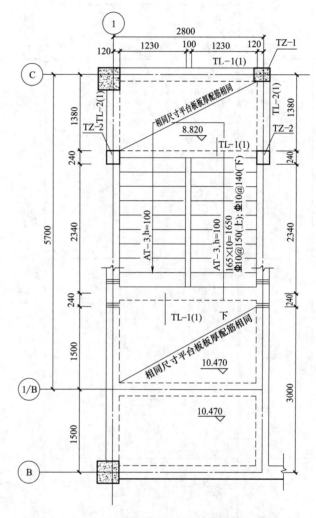

楼梯7.170~10.470标高平面图

楼梯平法见11G101-2，梯板主筋通长配置。

梯板分布筋Φ6@200。

未注明附加密箍为2×3Φ"d"@50(箍筋直径及肢数同该梁箍筋)

××××建筑 勘察设计有限公司 资质：　　　级 证书编号：××××-sj	建设单位：		审定		项目号	
	项目名称：		审核		专业	结构
	楼梯2.370~3.870标高平面图		校对		阶段	施工图
	楼梯5.520~7.170标高平面图		设计		图号	结-16
	楼梯7.170~10.470标高平面图		项目负责人		日期	

27

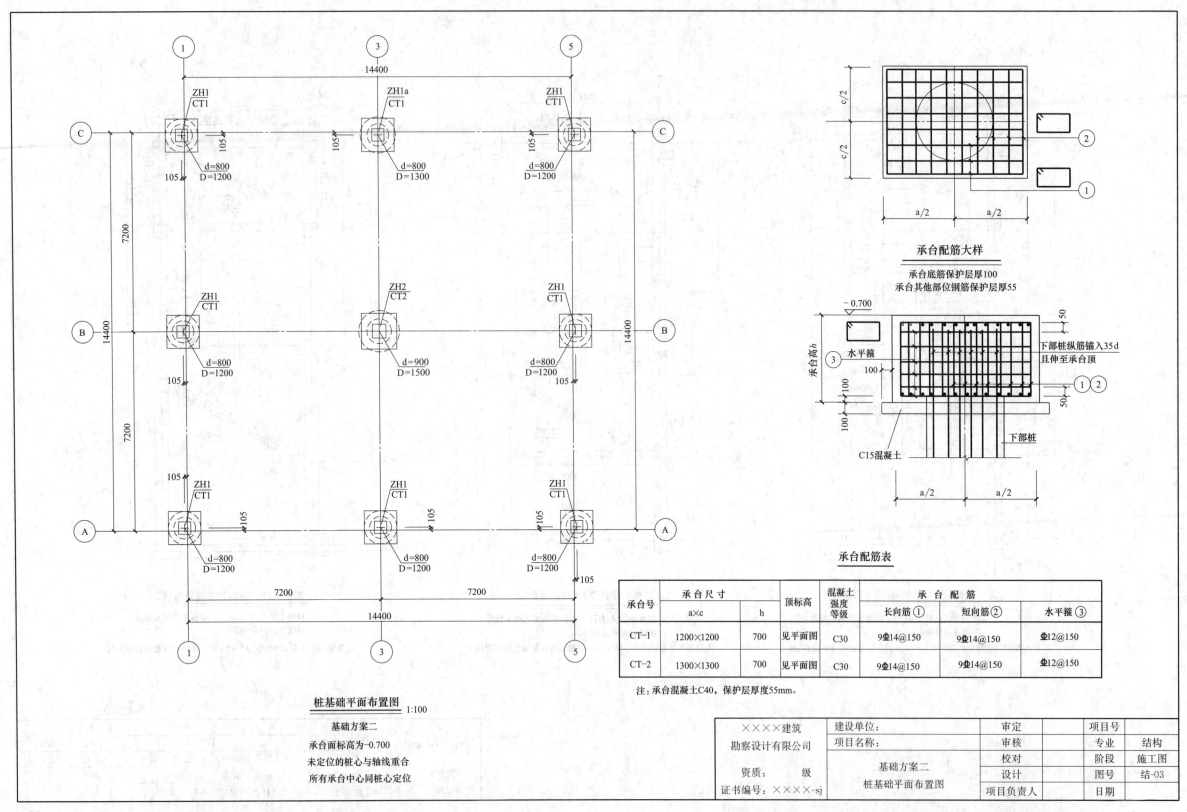

承台配筋大样

承台底筋保护层厚100
承台其他部位钢筋保护层厚55

承台配筋表

承台号	承台尺寸		顶标高	混凝土强度等级	承台配筋		
	a×c	h			长向筋①	短向筋②	水平箍③
CT-1	1200×1200	700	见平面图	C30	9Φ14@150	9Φ14@150	Φ12@150
CT-2	1300×1300	700	见平面图	C30	9Φ14@150	9Φ14@150	Φ12@150

注：承台混凝土C40，保护层厚度55mm。

桩基础平面布置图 1:100

基础方案二

承台面标高为-0.700
未定位的桩心与轴线重合
所有承台中心同桩心定位

××××建筑勘察设计有限公司	建设单位：		审定		项目号	
	项目名称：		审核		专业	结构
	基础方案二桩基础平面布置图		校对		阶段	施工图
资质：　级			设计		图号	结-03
证书编号：××××-sj			项目负责人		日期	

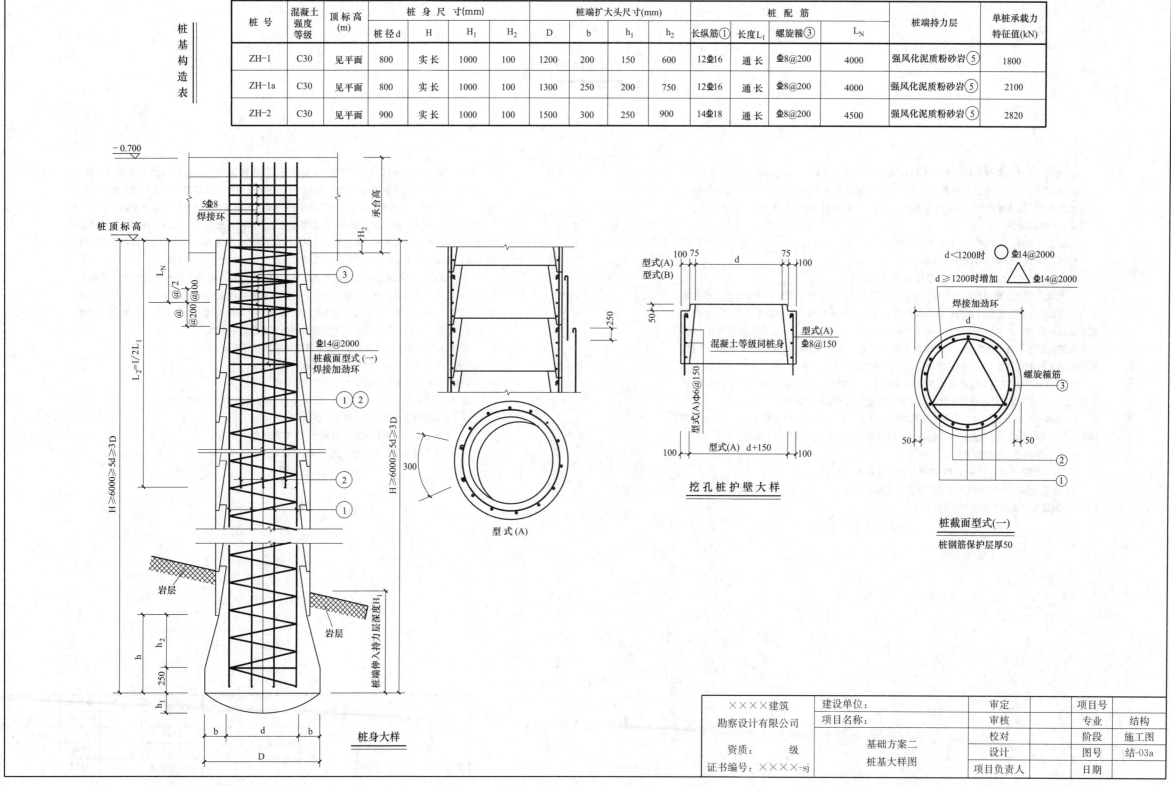

桩号	混凝土强度等级	顶标高(m)	桩身尺寸(mm)				桩端扩大头尺寸(mm)				桩配筋			L_N	桩端持力层	单桩承载力特征值(kN)
			桩径d	H	H_1	H_2	D	b	h_1	h_2	长纵筋①	长度L_1	螺旋箍③			
ZH-1	C30	见平面	800	实长	1000	100	1200	200	150	600	12⊕16	通长	⊕8@200	4000	强风化泥质粉砂岩⑤	1800
ZH-1a	C30	见平面	800	实长	1000	100	1300	250	200	750	12⊕16	通长	⊕8@200	4000	强风化泥质粉砂岩⑤	2100
ZH-2	C30	见平面	900	实长	1000	100	1500	300	250	900	14⊕18	通长	⊕8@200	4500	强风化泥质粉砂岩⑤	2820

桩基构造表

挖孔桩护壁大样

桩截面型式(一)
桩钢筋保护层厚50

桩身大样

型式(A)

××××建筑勘察设计有限公司	建设单位：		审定		项目号	
	项目名称：		审核		专业	结构
			校对		阶段	施工图
资质： 级	基础方案二 桩基大样图		设计		图号	结-03a
证书编号：××××-sj			项目负责人		日期	

桩 基 说 明

1. 本图尺寸除注明外，均以毫米（mm）为单位，标高以米（m）为单位。

2. 根据××××勘察院提供的《××××岩土工程详细勘察报告》，本工程主体基础采用人工挖孔桩，桩端持力层为强风化泥质砂岩层⑤，桩的极限端阻力标准值为3200kPa；

本工程基础材料：

混凝土：承台、基础梁为C30，桩为C30；

钢筋：HPB300（Φ）；HRB400（Φ）；

混凝土保护层厚度：承台、桩为55，基础联系梁为35。

3. 场地地下水主要为贮存于素填土①中的上层滞水，本工程不设抗浮设防水位。基坑施工前，应在基坑周边设置排水沟，以阻断地表水及雨水流入基坑；基坑施工过程中，应在基坑底设置排水沟、集水井，用水泵将积水排出基坑。基坑开挖到位后，应及时清除坑底浮泥，封底浇灌混凝土，防止坑底地基土长时间暴露而降低其力学强度。基础所处环境为二 b 类，桩身主筋净保护层厚度为55mm，混凝土水灰比不宜大于0.45。

4. 桩身长度 H 应满足桩端嵌入持力层深度要求，且不应小于 6m、5d 及 3D 的较大值。桩长约 6~10m，当岩层⑤有起伏时，相邻桩基高差与水平距离之比应小于 0.5。

5. 当桩顶高差较大时，应先施工低位的桩，再施工高位的桩；中心距小于1.5D或桩端净距小于500mm时，应避免同时开挖，应采用跳挖跳灌，相隔时间为两个星期。

6. 挖孔桩的施工容许偏差：

1）桩心直径 d 为±50mm；2）桩中心移位偏差为50mm；

3）垂直度偏差为 0.5%；4）孔底沉渣容许厚度为零；

5）钢筋笼（主筋）保护层±10mm。

7. 每节护壁长度为1000mm，当遇不利层时每节高度宜小于500，且护壁竖筋改为Φ14@150。

8. 用常规方法浇灌扩大头和桩芯混凝土时，必须使用导管或串筒；防止产生离析，并应分层（500~1000）用振捣器振实；浇筑完毕的桩顶实际标高应比设计标高高出200mm。

9. 承台（基梁）施工时，桩顶疏松混凝土应全部凿完至桩顶设计标高，埋入承台的桩顶段凿毛洗净；基础梁主筋伸入承台长度详见11G101-3 P92页计算，连续梁受力筋规格相同时应连通；基坑回填土应分层夯实，压实系数≥0.94。

10. 施工时如发现现场地内工程地质情况与设计不符，请及时通知设计单位处理，桩施工终孔后，应及时通知有关单位到现场验收，并对桩端持力层进行深层载荷板检验，单柱单桩的大直径嵌岩桩，应视岩性检验桩底下 3d 或 5m 深度范围内有无空洞、破碎带、软弱夹层等不良地质条件；检验结果出来前本工程桩基础图不能作为施工图。

11. 本工程场地内所有桩均应进行可靠动测法检测桩身质量；

并视情况适量采取钻芯取样法或声波透射法试验；

检测数量不少于桩总数的10%且不少于10根。

12. 凡本图未说明事项（如单桩承载力），均按国家现行有关规范实施：

A.《建筑桩基技术规范》JGJ 94—2008；

B.《混凝土结构工程施工质量验收规范》GB 50204—2015；

C.《建筑桩基检测技术规范》JGJ 106—2014。

××××建筑勘察设计有限公司 资质：　　级 证书编号：××××-sj	建设单位：	审定		项目号	
	项目名称： 基础方案二 桩基说明	审核		专业	结构
		校对		阶段	施工图
		设计		图号	结-03b
		项目负责人		日期	

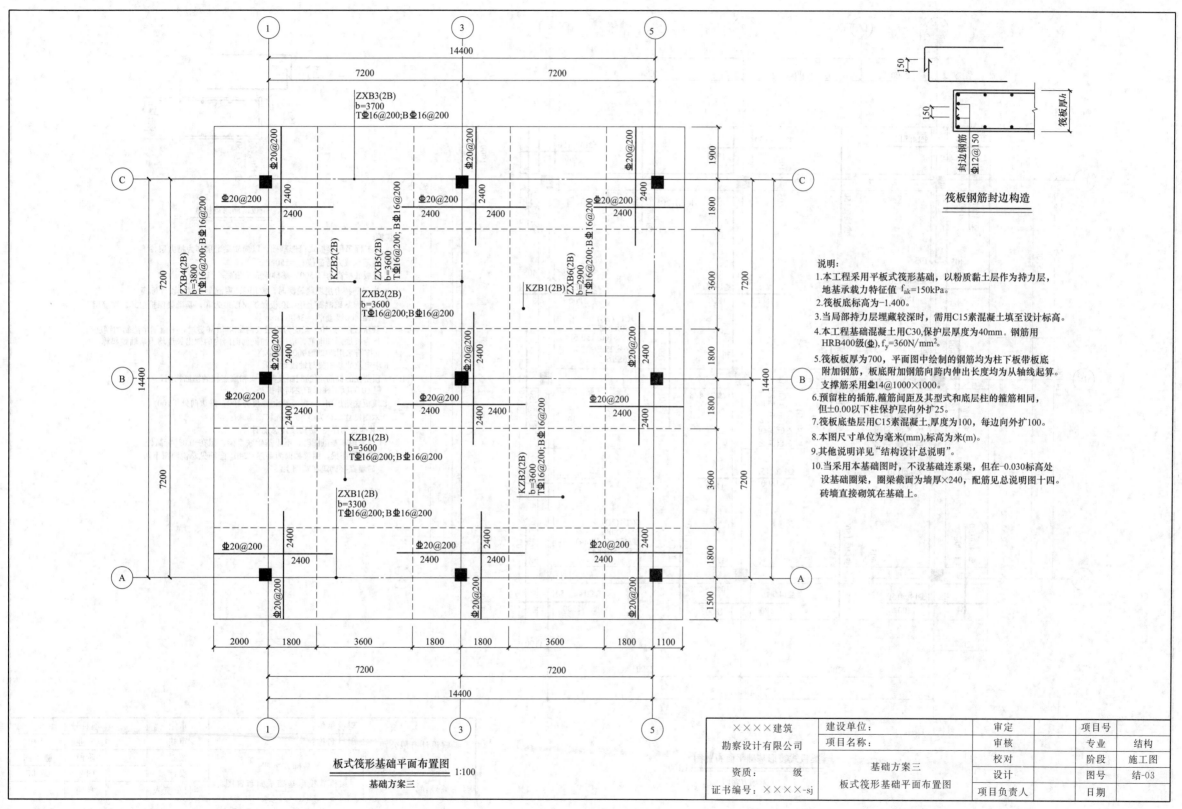

筏板钢筋封边构造

封边钢筋Φ12@150 筏板厚h 150 150

说明:
1. 本工程采用平板式筏形基础,以粉质黏土层作为持力层,地基承载力特征值 $f_{ak}=150kPa$。
2. 筏板底标高为-1.400。
3. 当局部持力层埋藏较深时,需用C15素混凝土填至设计标高。
4. 本工程基础混凝土用C30,保护层厚度为40mm。钢筋用HRB400级(Φ),$f_y=360N/mm^2$。
5. 筏板板厚为700,平面图中绘制的钢筋均为柱下板带板底附加钢筋,板底附加钢筋向跨内伸出长度均为从轴线起算。支撑筋采用Φ14@1000×1000。
6. 预留柱的插筋,箍筋间距及其型式和底层柱的箍筋相同,但±0.00以下柱保护层向外扩25。
7. 筏板底垫层用C15素混凝土,厚度为100,每边向外扩100。
8. 本图尺寸单位为毫米(mm),标高为米(m)。
9. 其他说明详见"结构设计总说明"。
10. 当采用本基础图时,不设基础连系梁,但在-0.030标高处设基础圈梁,圈梁截面为墙厚×240,配筋见总说明图十四。砖墙直接砌筑在基础上。

ZXB3(2B)
b=3700
TΦ16@200;BΦ16@200

Φ20@200

ZXB4(2B)
b=3800
TΦ16@200;BΦ16@200

KZB2(2B)

ZXB5(2B)
b=3600
TΦ16@200;BΦ16@200

ZXB2(2B)
b=3600
TΦ16@200;BΦ16@200

KZB1(2B)

ZXB6(2B)
b=2900
TΦ16@200;BΦ16@200

KZB1(2B)
b=3600
TΦ16@200;BΦ16@200

ZXB1(2B)
b=3300
TΦ16@200;BΦ16@200

KZB2(2B)
b=3600
TΦ16@200;BΦ16@200

板式筏形基础平面布置图 1:100

基础方案三

××××建筑勘察设计有限公司	建设单位:		审定		项目号	
	项目名称:		审核		专业	结构
	基础方案三**板式筏形基础平面布置图**		校对		阶段	施工图
资质: 级			设计		图号	结-03
证书编号:××××-sj			项目负责人		日期	

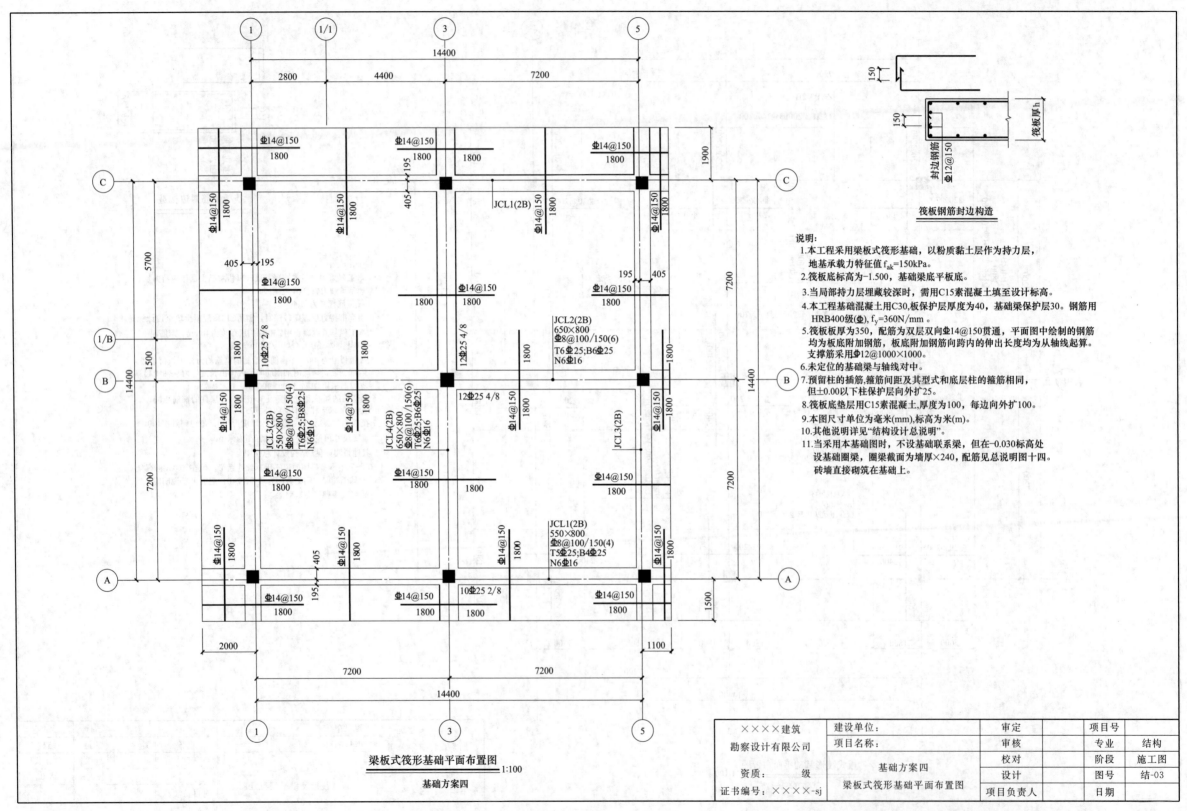

筏板钢筋封边构造

说明:
1. 本工程采用梁板式筏形基础,以粉质黏土层作为持力层,地基承载力特征值 f_{ak}=150kPa。
2. 筏板底标高为-1.500,基础梁底平板底。
3. 当局部持力层埋藏较深时,需用C15素混凝土填至设计标高。
4. 本工程基础混凝土用C30,板保护层厚度为40,基础梁保护层30。钢筋用HRB400级(Φ),f_y=360N/mm。
5. 筏板板厚为350,配筋为双层双向Φ14@150贯通,平面图中绘制的钢筋均为板底附加钢筋,板底附加钢筋向跨内的伸出长度均为从轴线起算。支撑筋采用Φ12@1000×1000。
6. 未定位的基础梁与轴线对中。
7. 预留柱的插筋,箍筋间距及其型式和底层柱的箍筋相同,但±0.00以下柱保护层向外扩25。
8. 筏板底垫层用C15素混凝土,厚度为100,每边向外扩100。
9. 本图尺寸单位为毫米(mm),标高为米(m)。
10. 其他说明详见"结构设计总说明"。
11. 当采用本基础图时,不设基础联系梁,但在-0.030标高处设基础圈梁,圈梁截面为墙厚×240,配筋见总说明图十四。砖墙直接砌筑在基础上。

梁板式筏形基础平面布置图 1:100

基础方案四

××××建筑	建设单位:		审定		项目号	
勘察设计有限公司	项目名称:		审核		专业	结构
			校对		阶段	施工图
资质: 级	基础方案四 梁板式筏形基础平面布置图		设计		图号	结-03
证书编号:××××-sj			项目负责人		日期	